in Action!
使用的書

in Action!
使用的書

理察・查塔威
Richard Chataway 著

廖崇佑 譯

進擊的行為科學

不靠直覺與猜測，求證意想不到卻符合人性的決策洞見

THE BEHAVIOUR BUSINESS

How to Apply
Behavioural Science for
Business Success

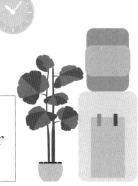

前言

本書概要

《進擊的行為科學》是一本關於如何在事業中運用行為科學的書籍。

本書旨在說明行為科學如何幫助我們解決企業現今所面臨的主要問題，以及為什麼無論企業規模大小，都唯有真正了解行為才能夠成功。

如果你在尋找的是關於行為科學理論的學術指南，本書不會是你要找的對象。

除了第一章的一小部分之外，本書不會詳細解釋行為科學的概念和理論，也不會列出關於解釋人類行為有趣之處的各種捷思法、偏誤及謬誤。雖然這些心理學理論都非常有趣，但你不需要碩士學位就能閱讀這本書。

本書適合誰閱讀？

只要願意學習如何運用行為科學的強大知識幫助事業成長，任何人都可以閱讀本書。這是一門精彩的新興學科，可以用來解決許多不同領域的問題，例如客戶體驗、市場調查、消費者研究、留職、聘雇、工作表現、人工智慧或自動化等。

藉由採訪、直接合作及研讀重要著作等方式，我從眾多專家那裡學到了很多知識，而這些最新、最有效的見解也都會在本書中呈現給讀者。

無論你是經理、行銷人員、顧問、企業家、學生或業務人員，若你是

企業的一分子（或是將來打算進到企業中），而且非常好奇如何有效影響自己和他人的行為並藉此成就事業，那麼本書非常適合你閱讀。

本書的編排方式

本書的每一部分，都會提到現代企業所面臨的不同挑戰。每個部分共有四章，前三章會探討問題的不同面向，第四章則會以洞見與建議的方式總結前三章的內容。關於行為科學的精彩理論、實驗和概念將貫串本書。這些內容來自我自己，以及其他頂尖學者與實踐者的工作經驗。

特別重要的概念，將會以獨立的專欄輔以示例進行解說。若想了解更多關於行為科學的知識，整本書也包含了許多參考資料與推薦書籍。

第一部分介紹行為科學的核心概念、如何將其用於改變民眾的行為，以及該如何將其應用於商業中。第二部分考察21世紀最成功的企業如何運用行為科學，提供數位產品和服務。接著，第三部分介紹行為科學如何協助企業運用新科技，打造一個適合人類和機器人的企業環境。第四部分介紹如何運用行為科學招募、慰留並激勵員工。第五部分顯示如何藉由深入理解人類行為，了解客戶真正想要（及不想要）的事物。最後，第六部分探討如何成功影響客戶的行為（即行銷的目的），接著回顧本書的重要主題並展望未來。

最後一點：我會使用大量註解，為想要進一步了解的人提供補充資訊、額外解釋、趣聞軼事和參考資料。[01] 假如不想讀，歡迎忽略它們。

01　這些註解也可以避免我碎碎唸，或是說一些離題的內容。就像這樣。

推薦序

／ TED 明星講者暨英國奧美集團副總監　羅里・薩特蘭（Rory Sutherland）

人類塑造工具，然後才由工具塑造人類。

過去幾十年來，由於電子試算表的發明，企業和公共部門組織對於評估和量化變得越來越著迷。所有的活動都會依據「關鍵指標」進行評價，或是定期進行評估與比較。

俗話說：「事情只要可以評估，就可以完成。」

因此，許多機構會耗費大量時間來進行評估及設計「改進」的方法。然而，隨著時間過去，當人們再也想不出好方法時，大家便開始鑽遊戲規則的漏洞。由於不論以任何方式改進指標都會得到好處，因此導致越來越多不正當行為出現。奇怪的是，聰明的人特別容易受到這種失敗所影響。最近還有研究發現，常春藤聯盟會鼓勵不可能被選上的人提出入學申請。理由是什麼？只要拒絕這些人的申請，校方就可以藉此降低錄取率，並宣稱自己的錄取門檻比競爭對手高，藉此進一步塑造菁英形象。這種做法真是令人難以置信。頂尖大學在追求改進方法的過程中，居然會以這種醜陋的方式，讓成千上萬的年輕人燃起虛假的希望。很可惜，這些學校就是會那樣做。

這種「麥肯錫資本主義」的實踐者，通常會認為自己是自由市場的忠實信徒。他們從來沒有想過，這種對統計數字的痴迷，以及不惜一切代價追求虛假目標的做法，根本帶有史達林主義的色彩。（在蘇聯時代，產品總重量決定了工廠能否受到獎勵，而這居然導致枝形吊燈一度造成嚴重的危害：為了讓總重達標，吊燈工廠製造的燈座往往過重，以致於天花板常有坍塌的風險。）

「唯有與客戶所在乎的事物緊密相關時，
理性、客觀及可量化的指標才有意義。」

　　然而，這樣的概念不限於共產主義。事實上，任何管理階級或官僚文化，都有十足的動機進行過度評估，因為量化能夠讓管理階層或官員以理性且客觀的方式呈現自己的決策結果，藉此避免遭受責備的風險。這種做法之所以會造成問題，是因為唯有與客戶所在乎的事物緊密相關時，理性、客觀及可量化的指標才有意義。越來越多來自行為科學及行為經濟學的證據顯示，這種評估有很高的機率是錯的。事實上，消費者所關心的事物，很可能與產品或服務的客觀品質沒有任何關係，而且消費者的偏好很可能與經濟學模型中具有代表性、單次取樣且追求效用最大化的合法代理者（rational agent）明顯不同。

　　光是以量化評估為基礎做出決策，或許對經理的個人職業發展有利，卻會對企業本身造成災難。這種方式不僅無法傳達出消費者真正重視的事物，也會讓你的決策過程與思考方式，變得與其他想法相近的競爭者越來越像。

　　評估錯誤，就會處理不當。

　　主流經濟學導致許多企業在忽略心理或感知因素的情況下做出決策。這種做法會帶來兩個災難：公司將會把心力花在改進錯誤的事情上，以及公司會假設消費者是理性且追求完美選擇的人，因而不會去思考如何

透過改善和創新，讓具有不同偏好的客戶採取行動。換言之，這會限制創意發揮。

　為了導正這種失衡現象，行銷人員和企業中其他充滿想像力的革新者，必須使用行為經濟學的方法論和詞彙在董事會中贏得辯論。他們必須開發更適合的新指標，彌補已經被過度使用的客觀指標。例如他們不必再測量隊伍長度或火車上的擁擠狀況，而是要衡量乘客候車時累積的不滿，或對於種種不便的忍受度。恢復平衡需要很長的時間，但幸好有像本書這樣的書籍存在，恢復的工程可以順利開始了。

目錄

Part 5
行為科學與客戶

175

Part 6
以行為科學輔助行銷

211

引言

只要你在經營事業，你就是在經營行為的事業。

唯有能夠影響行為的企業才能成功。企業必須說服大眾購買或使用其產品或服務，才能產生收入。

此外，那些產品和服務，也需要人來製作和提供。至少這些產品和服務需要由人發明出來，或是由人撰寫程式後才讓機器進行製作。企業若想要生存和成長，就必須在上述項目中做得比競爭對手更好。

這種事人人都知道。然而，許多企業所做的決定，卻經常與關於人們如何及為何做出某些行為的最新科學證據相悖。更糟的是，很多企業沒有想過要試著改變行為，而是只想改變感知或態度，並誤以為行為也會因此而出現改變。

行為科學最重要的一個教訓就是：**人們所做的事，往往與他們所說或打算做的事情相異。**假如企業不了解人們做決定的方式，不知道人們通常是由自己也沒感覺到的潛意識或外部因素所驅動，就只是在浪費企業（及股東）的錢而已。

好消息是，在過去50年以來，我們已經比過去5,000年還要更清楚理解人類的行為模式和原因。如同醫學、科技和電腦不斷日新月異，我們對於行為科學的知識也不斷在增加，而這都歸功於行為經濟學、社會心理學、演化心理學、神經科學等學科的理論，以及許多從事行為科學相關職業的實踐者。[01]

---

01 關於術語的重要說明：本書使用行為科學一詞，而不是行為經濟學或社會心理學，因為本書所使用的知識來自包含前述學科等諸多領域，而我認為「行為科學」最能夠全面涵蓋這類關於人

本書提及的許多前衛思想家，現在都是全球政府和企業的重要顧問。其中兩位重要的人物丹尼爾‧康納曼（Daniel Kahneman）教授和理查‧塞勒（Richard Thaler）教授，甚至在本世紀獲得了諾貝爾獎。

企業需要學習的東西還很多。

然而，本書不是科學指南，也不會列出所有人類行為中的偏誤及不合理的表現，因為（偷偷告訴你）我並不是行為科學家。雖然我在發表演說時，常常被介紹為行為科學家（或行為經濟學家及心理學家）。

但我認為自己是一位實踐者。

我的工作是**運用**行為科學的知識影響他人行為。我對於這項學科的知識和熱情，完全來自於工作所需。這份工作必須發揮行為科學的知識，為公共部門與私人部門提供服務。

深入了解行為，可以造成更大的影響。當我在英國的衛生部工作時，我們的戒菸政策負責人曾向團隊表示，我們每年所挽救的生命，可能比某些外科醫生一輩子所救的還要多。那時我才發現，若能更清楚了解真正驅動行為的因素，就有可能以大規模的方式改變民眾的行為。

我更進一步發現，公共部門運用行為科學讓民眾擁有更長壽的幸福生活，這個方式也可以用於解決其他問題。

我處理過的行為相關問題包括：戒菸、從軍、喝烈酒與小酌的問題、

類決策的研究。本書也將不斷提到，想要有效運用這些知識，科學方法非常重要。

繳付大學學費、報稅、促進團隊合作、製作扁平包裝的家具、完成時間表、乘坐大眾交通工具，以及購買各種產品和服務等相關問題。

我和同事曾經根據行為科學制定策略，在2014年因應家庭暴力的社群媒體活動中，贏得了全球年度最佳活動獎。這也促成了全球最成功的戒菸手機應用程式「我的戒菸夥伴」（My QuitBuddy）問世。我曾經為客服中心人員、執行長、行銷總監、創意工作人員、電視播報員、客戶體驗總監、大學行政人員及各行各業的人員進行培訓。我曾經向國務大臣進行簡報、為金融科技的新創公司提供建議，並且向衛生工作者、商業心理學家和營養學家發表演說。

我的職業之所以能夠如此多采多姿，是因為我有幸能夠研讀深諳此道的人的著作，並且與他們合作。他們的姓名都會在謝詞中出現。本書可說是集我個人與以上諸位的想法之大成。在撰寫本書時，我訪問了25位最啟發人心、富有思想的業界行家，藉此從他們的最佳實踐（best practice）中學習。

在訪談過程中，我發現這幾位實踐者都有一些共同之處。雖然彼此的學術和職業背景各不相同，但他們都天生對大腦的運作方式充滿好奇。在其他人致力於發展新科技時，他們渴望理解人們為什麼做出看似毫無邏輯的舉動，他們渴望挑戰傳統思維，並建立更好的企業。正如愛因斯坦所說：「重要的是，千萬不要停止懷疑。好奇心自然有其存在的理由。」

若想獲得更多資訊，請參考本書所附的Podcast節目，以及這些風雲人物的書籍、部落格、推特發文及言談。

在進入商業行為科學的美妙世界之前，我還有最後一句話想說：這些影響他人的工具，比許多人想像中還要強大。最近發生在全球各地的事件，在在反映出這個事實。行為科學所引起的道德爭議是非常重要的問題，而本書也將提及相關議題。

我之所以想要從事能夠應用行為科學的職業，是因為我看到了行為科學幫助他人的潛力，不但可以協助他人做出自己想做的決定，還可以輔助企業打造出能夠改善人類生活並為經濟做出貢獻的好工作、好產品和好服務。

讓生活變得更美好，而不是更差勁。

現在，就來進入正題。

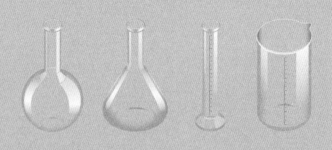

Part 1

如何成立行為科學事業？

去測試違反直覺的做法吧，
因為你的競爭對手不會想到要這麼做。

Chapter 1

重新看待經濟學
全新的思考方式

重新看待經濟學

20年前，當我還在讀大學的時候，行為科學這個學科根本不存在。

但現在情況則大不同。關於行為科學、行為經濟學與實驗心理學的學術課程如雨後春筍般出現，全球還有超過200個行為觀察團隊與地方及國家政府進行合作。頂尖公司也陸續在設置行為長（Chief Behavioral Officer），負責和例如我的公司合作，將行為科學運用至工作中。

行為科學的歷史，以及讓我們更深入且精確認識到人們行動背後原因的過程，是一個非常經典的弱者反敗為勝的故事。這個故事講述了一群充滿決心的學者，尤其是丹尼爾・康納曼（Daniel Kahneman）和阿摩司・特沃斯基（Amos Tversky）[01] 的開創性研究，如何使用行為經濟學這把小彈弓，擊倒傳統經濟理論這個已經300歲的大巨人（傳統經濟理論將人類視為理性的決策者）。

令人振奮的是，這種全新的思考方式（與新古典經濟學常見的假設相反，人類並非全然理性、能夠算出最大利益的電腦），很快成為了標準。全世界有遠見的政府，已經開始把運用行為科學的方法納入政策中。跟政府機關比起來，商業世界其實已經慢了好幾拍。

01　如果對這個故事及背後的人物感興趣，我強烈推薦閱讀麥可・路易士（Michael Lewis）描述兩位心理學先驅合作和情誼的著作《橡皮擦計畫》。

然而，時代正在改變。我在教行為科學課程的時候，喜歡問一個問題來評估大家的程度：你最近讀過哪些熱門的行為科學書籍（例如《快思慢想》(*Thinking Fast and Slow*)、《推出你的影響力》(*Nudge*) 等）？十年前，教室裡大約只有一到兩成的人有一兩本這類的書籍。現在，隨著基本知識水準提升，這個比例通常會超過五成。

想要在公司內推廣行為科學的知識，除了僱用有幸學過相關知識的人或是花錢習得之外，還能如何確保公司持續關注人們不斷在改變的行為？話說，就商業上的結構和策略來說，「關注人們的行為」到底是什麼意思？

這就是本書的第一部分要探討的主題。但我們首先必須來看看，這種思考方式到底哪裡新穎，對商業又會帶來什麼影響。[02]

為什麼行為科學對商業來說很重要？

18世紀之後[03]，關於人類行為的學術理論，主要是奠基於效用最大化（utility maximization）的傳統經濟學理論。換言之，人類都是以理性的方式，對某個行為進行簡單的利弊分析後才做出決定。《推出你的影響力》作者理查‧塞勒（Richard Thaler）和凱斯‧桑思坦（Cass Sunstein）兩位教授將這種人稱為「經濟人」（homo economicus），因為這種人只會出現在經濟學的教科書中。經濟人就像影集《星際爭霸戰》(*Star Trek*) 中的人物史巴克（Spock）一樣，做決定時永遠是理性的，完全不會受到情緒影響。

當然，跟史巴克一樣，經濟人也不是人類。

02　如果讀過《快思慢想》、《推出你的影響力》等書籍，或是具有行為科學相關的學術背景，肯定會對以下幾段的內容感到非常熟悉。

03　這主要是以瑞士數學家丹尼爾‧白努利（Daniel Bernoulli）和預期效用理論為基礎。18世紀的經濟學家亞當‧斯密（Adam Smith）在撰寫《道德情操論》(*The Theory of Moral Sentiments*) 時，是否因為已經意識到人類在做決定時的非理性特徵，而將熱情（passions）視為公正旁觀者（impartial spectator）的對比，這點引起了許多學者的爭論。但對於他是不是歷史上第一位行為經濟學家的討論，已經超出了本書的範疇。

以犯罪為例，就能看出這方法的缺失。芝加哥大學經濟學家兼諾貝爾獎得主蓋瑞・貝克（Gary Becker）最知名的是透過其「理性犯罪的簡單模型」（Simple Model of Rational Crime）解釋犯罪的成因。貝克指出，在任何情況下，潛在罪犯都會權衡犯罪的利益（例如經濟獲益）與潛在成本（例如被捕入獄的可能性）。

舉例來說，根據這個理論，企業史上著名的「安隆醜聞案」的詐欺犯是在做了成本效益分析之後，認為可以賺到的錢值得他們冒這個會害公司破產及自己必須坐牢的風險（事後看來，這樣的分析是錯的）。

如同大多數新古典經濟學理論（以及據此衍生的金融模型及管理／行銷理論），「理性犯罪的簡單模型」的問題，在於假設人類都是像史巴克那樣完全理性、只會根據自身利益行動的人。

若此理論為真，那麼每個人每天肯定都會犯點小罪。杜克大學心理學與行為經濟學講座教授丹・艾瑞利（Dan Ariely）表示：「我們不會只根據情緒或信任來做決定，因此就算只是離開辦公室一分鐘，我們也很可能會把錢包鎖在抽屜裡……『握手為定』將不具任何價值；任何交易都需要合約……我們可能會決定不生小孩，因為他們長大後會試著偷走我們擁有的一切，而住在我們的房子裡，會讓他們有更多下手的機會。」[04]

如果你曾經試著在職場上阻止任何不誠實行為，例如誇大支出或從公共冰箱偷走別人的午餐，你就會知道，很難精準掌握人類行動的方式。就算提升被捉的機率（例如向公司所有人發送信件，說自己將來會更仔細檢查支出）[05]，也無法解決這類問題。

這是因為情緒在決策過程中非常關鍵。我們的行為不只由經濟利益主宰。在倫敦，謀殺案的破案率非常高。雖然在2018年從通常的90％下降到72％[06]，但在理性思考的情況下，沒有人會覺得這是個值得冒的險。然

---

04 丹・艾瑞利（Dan Ariely），《誰說人是誠實的！》（The (Honest) Truth About Dishonesty）。天下文化出版。
05 在此例中，這可能會產生負面的社會規範。請參閱第20頁。
06 www.theguardian.com/uk-news/2018/dec/12/london-homicides-now-highest-in-a-year-for-a-decade

而，當年有超過130件兇殺案發生於倫敦，其中多數案件都不是為了圖什麼好處而犯案。很明顯，還有其他因素驅使這些人犯罪。

艾瑞利的著作顯示，情緒可以用來有效打擊不誠實和非法行為。在一個關於保險的例子中，他讓誇大其詞而過度索賠的人數減少了15%。

他是怎麼做到的？答案是，把固定出現的「我保證提供的是真實資料」的句子，從保單最底端移到最開頭的地方。這個做法可以提升「必須誠實」這件事的顯著性[07]，但對於犯罪的利益和風險並沒有影響。

這是社會心理學使我們理解外在因素如何影響人類行為的一個例子。社會心理學是一門研究社會互動的學科，也就是研究人類以社會動物的身份在現實世界中的行為表現。社會心理學為我們提供了一個更清楚的模型來理解人們如何做出決定。人類的行為會受到許多行為偏誤（behavioral bias）和心理捷徑（mental shortcut）的影響，以幫助我們面對這個世界。

康納曼與特沃斯基的過人之處，在於他們開始為這些偏誤進行實驗與編碼、為常見的決策捷徑冠上「捷思法」（heuristics）的名詞、並研發出一系列的模型以解釋為何這些捷思法會讓人類時常做出非理性、反直覺且充滿錯誤的決定。

簡而言之，他們讓我們知道人類到底會如何行動，而企業（至少短期來說）正是由人類所經營，並為人類而經營。

社會認同與社會規範

你是否曾經去過陌生的地方，想要找到好餐廳吃飯？想像你眼前有兩間餐廳，兩間的價格一樣合理、環境一樣乾淨，而且都提供了你喜

07　請參閱第24頁。

歡吃的食物。

其中一間熱熱鬧鬧坐滿了顧客，而且店裡滿是歡樂的笑容。另一間則只有一位愁容滿面的客人，獨自坐在窗邊用餐。你會選擇哪一間？

大部分的人都會選擇前者。這就是社會認同（social proof，希望和自己相似的人認同自己的行為）和社會規範（social norms，我們覺得大多數和自己相似的人會怎麼做）強烈影響人類行為的例子。同溫層正在流行什麼，我們就會更渴望得到。在這例子中，就算第二間餐廳上菜的速度更快、更感謝上門的客人，服務更周到也一樣。

和大部分的行為偏誤一樣，這樣的選擇背後也有經演化而來的邏輯。當和我們相似的人都在做某一樣行為時，表示那是經過證明是安全且有益的行為。大家都去的餐廳，應該很好吃，對吧？

大家應該都很熟悉這種效應的其他名稱，例如同儕壓力或從眾心理，而在所有行業中，餐飲業最懂得如何運用這樣的心理。掛在餐廳門口的貓途鷹（TripAdvisor）5星級證書，就是在利用社會認同機制。[08]

光是讓大家知道某個東西很受歡迎，就足以影響行為。為了鼓勵民眾參與美國國會選舉，臉書在2010年推出了「我投票了」（I Voted）的按鈕，顯示有多少使用者已經去投票了。在一項由加州大學聖地亞哥分校和臉書的資料科學家共同進行的研究中，他們向6100萬人展示了不同按鈕版本以及沒有按鈕的貼文。他們透過投票紀錄，計算這個

08　線上評論網站的影響如此強大，因此餐廳和旅館變得對這些評分非常在意，而這些評分機制也因此被一些不道德的業者盯上。《Vice》傳媒的記者烏巴・巴特勒（Oobah Butler）以非常好笑的方式凸顯了這個現象。他在網路上假裝開設了一間名叫「杜爾維治小屋」（The Shed at Dulwich）的餐廳，實際地點只是他位於倫敦東南方的自家庭院。根據他自己以一篇十英鎊的價格替真實餐廳撰寫假評論的工作經驗，他號召朋友到貓途鷹網站上大量撰寫假評論，結果成為倫敦排名前兩千的優質餐廳。在這次的惡作劇中，他還拍攝假的食物照片（例如有一張照片中的醃火腿，其實是他自己腳踝的特寫）並上傳到Instagram，甚至還發明「素蛤蜊」等假菜色。為了利用大家稀少性偏誤（詳見第41頁）的心理，他還假造了一支電話號碼及一個網站，並表示該餐廳只接受事前訂位（但當然從來沒有人接電話）。雖然這間餐廳不曾存在，卻成為倫敦2017年排名最高的餐廳。巴特勒讓這間餐廳營業一晚，提供隨便擺盤的一英鎊即食料理給十位客人。這些客人都被蒙上雙眼，然後被帶領到巷弄中，最後來到巴特勒住家後院的小屋中。儘管如此，還是有一些客人表示他們願意再訪，而且願意推薦這間餐廳。（www.theshedatdulwich.com）

按鈕對真實世界投票率的影響。結果這個呼籲大家去投票的按鈕，為總投票數提升了34萬票。

更有趣的是，其中最有效的按鈕版本，是能夠顯示好友（使用者真正認識的人）是否已經投票的版本。和一般的「我投票了」的按鈕相比，這版本有效動員的投票人數高達四倍。這顯示若要充分利用社會認同，就要找出最有影響力的人。若用社會心理學術語來說，就是要找出內團體（in-group）。

應注意的是，強調壞行為（即負面的社會認同）反而會讓這壞行為看起來很正常。舉例而言，若強調大學生在校園內喝了多少酒，會提升學生之間的覺察規範（perceived norm），因此反而會讓學生喝更多酒。[09] 這類誤用的例子很常見，例如若有一間家庭醫學診所貼了一張公告，說上個月有200人約診了卻沒來，則下個月錯過約診的人數可能會增加，而不是減少。

解決這問題的做法，是使用正面框架（positive framing）的技巧，強調「99%的患者都會準時赴診」，或是強調指令式規範（人們該怎麼做）而不是敘述性規範（人們都怎麼做）。路牌會說「速限是時速30英里」，不會告訴你「其實大部分的人都開時速35英里」。

09　citeseerx.ist.psu.edu/viewdoc/download?doi=10.1.1.470.522&rep=rep1&type=pdf

因此，若你下次去到一間安靜的餐廳，而且店員推薦你坐在窗戶邊（好讓其他人看到你），表示你已經實際參與了所謂的社會認同。

兩種思考方式：為荷馬設計

　　捷思法和偏誤非常重要，因為我們必須仰賴它們，為每天面對的上千個選擇做出決定。

　　「很多人太過自信，對自己的直覺過度有信心，」康納曼寫道：「顯然他們不是很喜歡認知努力（cognitive effort）的感覺，因此盡可能避免思考。」[10]

　　簡而言之，我們實際上動腦的時間，比想像中更少。如塞勒和桑思坦所說的，比起史巴克，我們其實更接近荷馬‧辛普森。

　　「系統一」這個詞因為康納曼而變得為人所知。「系統一」即所謂的「快思」，也就是出於直覺、由情緒推動且較無意識的決定方法。而所謂的「慢想」，也就是比較理性，像是史巴克那樣的思考方式，則稱為「系統二」。在那之後，行為科學家已經研究出人類會在什麼情況下進入系統一的思考模式，而且（至今為止）已發現在這過程中會影響我們做決定的兩百多種捷思法和偏誤。

　　這件事有兩層重點：首先，我們長期低估了我們的決策中基於本能的比例，有人甚至預估它佔了我們日常行為的90%至95%。再者，唯有了解這些捷思法和偏誤，我們才能有效解釋、影響和改變行為。

　　雖然不願承認，但我們比想像中更像荷馬‧辛普森。由於我們生活越來越複雜，經常身處在過多的資訊和刺激中，因此這些行為偏誤在決定如何行動方面扮演了非常重要的角色。在本書中，我們會看到許多如何透過認識偏誤而解決行為問題的例子。

---

10 《快思慢想》（*Thinking Fast and Slow*），天下文化出版。

這種結合了心理學和經濟學思維研究行為的方法，稱為行為經濟學（behavioral economics）。行為經濟學是目前學術界對於決策最接近統一理論的學科。這項發現在2002年為心理學家康納曼贏得了諾貝爾經濟學獎。[11]

這項發現顯示，想要在商業中影響他人行為時，必須考慮到對方是荷馬還是史巴克。因為遇到荷馬的機率，遠比你想像中來得高。

可得性偏誤及顯著性

可得性偏誤（availability bias）的現象可以解釋許多人類行為，尤其是明顯不合理的行為。我們每個人的世界觀，在很大程度上取決於我們可獲得的訊息。若以心理學術語來說，丹尼爾·康納曼將這現象稱為「所見即全部」（What You See Is All There Is, WYSIATI）。我們經常高估某個事件發生的可能性，是因為我們在心理上比較容易接受。也就是說，事件容易浮現在我們的腦海中，是因為事件很容易記住，或與我們尤其相關。

最明顯的例子，就是恐懼症。你害怕什麼？蛇？還是蜘蛛？我本身有蜘蛛恐懼症，所以我可以說出很多蜘蛛很可怕的理由。蛇黏糊糊的（並沒有），蜘蛛又大、又有毛，而且大部分都很邪惡，尤其是猶托克西特（Uttoxeter）的蜘蛛。

由於各種新聞管道的出現及網際網路的發展，各種資訊變得唾手可得，因此這些偏誤也被強化了。不幸的是，人類通常會比較信任與自己價值觀相符的資訊（這是因為確認偏誤所致，詳見第165頁），因此會不斷尋找類似的資訊，導致同溫層越來越厚的負面循環。

看看接下來的資料。實際上很可能殺死我們的，和我們以為會殺死我們的（還因此擔心不已）的東西，兩者之間存在巨大差異。以下圖表

---

11 他的老朋友兼同事阿摩司·特沃斯基理應共同獲得這個獎項，但他不幸於1996年去世了。

顯示出媒體究竟都跟我們說了些什麼需要擔憂的事。過去新聞界有句箴言「見到血，就能上頭條」，就連《紐約時報》和《衛報》等著名媒體也是如此。這也是為什麼我們會以為自己死於恐怖主義的機率很高，高到不切實際。

美國疾病管制暨預防中心的死因調查
「真正造成死亡的原因」

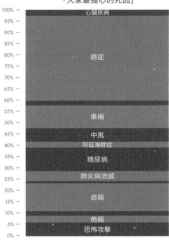

Google搜尋趨勢
「大家最擔心的死因」

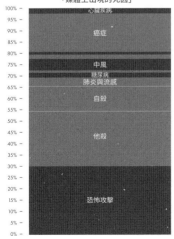

《紐約時報》與《衛報》頭條
「媒體上出現的死因」

顯著性（saliency）是一個重要的相關概念。顯著性愈高，就愈重要、愈容易發現且愈容易激起情緒，因此心理上更容易接受。桑思坦在《推出你的影響力》中表示：「與只在週刊上讀過相關報導相比，若親身經歷過嚴重的地震，相信地震可能發生的機率就會更高。」

在商場上，心智顯著性（mental availability）非常重要。如果你的產品或服務很容易浮現在別人的腦海中，而且你已經建立正確的連結，就能更輕鬆影響他人選擇你的產品或服務。我將在本書的第六部分談到，這個現象如何解釋廣告和行銷的運作方式。

行為科學如何改變我們對商業決策的看法

在動亂不止的1960年代（當時以色列常與鄰國發生武裝衝突），康納曼曾於以色列空軍負責一個目前多由職業心理學家擔任的角色。[12] 他必須負責設計培訓和評估的方式，讓員工（也就是戰鬥機飛行員）獲得最佳表現。

教官告訴他，若想要影響學生的行為，批評比讚美更有用。麥可·路易士在書裡寫道：「被稱讚的飛行員下一次總是表現比較差，而被批評的飛行員則會表現得更好。丹尼（丹尼爾·康納曼）觀察了一下，然後向他們解釋實際的情況：因為表現出色而受到稱讚的飛行員，和因為表現異常而受到指責的飛行員一樣，雙方都在趨近平均表現。就算什麼也沒對他們說，他們的表現還是會自然進步（或退步）。」[13]

這個關鍵發現，讓康納曼和特沃斯基提出了人類決策模型背後的一項關鍵理論，即代表性捷思法（representativeness heuristic）。[14] 他們從心理學的角度去理解行為的方式，凸顯了行為科學可以改善企業處理問題的

12　我是商業心理學協會（Association for Business Psychology）的委員會成員，而大部分成員都是職業心理學家，他們的工作或多或少都會需要評估工作人員或小組的表現。

13　《橡皮擦計畫》（The Undoing Project），早安財經出版。

14　當某事件具有該類別的特徵時，會被認為更有可能發生，但那其實不會影響可能性的高低。在這例子中，由於在批評後會出現更好的表現，因此被誤認為具有因果關係。

既有方法，以及心理學在解決問題時的重要性。

首先，這告訴我們許多關於資料的事實。根據資料，老師的做法似乎是有效的。老師只要批評，學生的表現就會進步。然而，任何統計學家都會告訴你：**相關不代表因果**。企業常使用資料來支持既有的做法，而不是對既有的做法提出挑戰。

再者，那些老師深信自己是正確的，因此沒有想過要找第三方確認自己是否真的正確。[15] 沒有任何動機促使他們去挑戰這些由前人傳授給他們的知識。大部分的人都做過同樣的事，並相信讚美和批評同樣有效。唯有經過第三方以實驗驗證，才會發現那是錯誤的假設。若企業不重視實驗方法，就會無法全面認識各種會影響行為的事物。當你本能認為哪種做法有效的時候，又怎麼會去挑戰自己的觀點呢？

康納曼後來寫道：「根據統計，唯有人類會因為獎勵他人而受到懲罰，並因懲罰他人而得到獎勵。」[16] 唯有當你接受人類就是會經常犯下這種因系統一所導致的錯誤，並因此經常做出錯誤的決策時，你才能想出原本會違反直覺的見解和解決方案，並在事業上取得成功。

第三，教官們回報的內容，不代表事情的真實面貌。我們的行為有一大部分是在無意識中受到行為科學家所發現的捷思法與偏誤所主宰，而且這部分所佔比例比我們想像中還要大得多。換句話說，我們比自己想像中還要接近荷馬。因此，若光是聽別人描述他們的行為，就只能獲得片面的解答。而在此例中，則是完全錯誤的解答，因為他們只留意單一獨立的資料點，因此無法反映整體狀況。他們在意的是這個方法的結果（下一次飛行），而不是整體的理想結果（培訓出屢屢成功的飛行員）。

後來，以色列空軍因為這項研究而改變了評估和回應飛行表現的做法。他們不再根據獨立事件和受到偏誤影響的觀察結果進行評估，也不再據此給予反饋。

15　這是確認偏誤的一個例子，請參閱第165頁。
16　摘自《橡皮擦計畫》。

若企業希望能夠掌握行為的奧秘，就必須研究根據長期觀察所獲得的實際（而非宣稱的）行為資料。此外，也必須專注在關於實際行為的研究上，而不是關於態度、知覺或選擇等。這是唯一能夠成為行為科學事業的方法。

　　此部分的其餘章節將提到，我們可以從這種方法中學到什麼以建立行為科學事業，以及如何透過科學方法正確使用觀察實際行為所得的資料（而不是宣稱的行為資料），藉此獲得競爭優勢。但首先，我們來看看可以從政府運用科學改變行為的過程中學到什麼。

Chapter 2

善用推力
政府如何運用行為科學

如何改變非理性行為：吸菸

為了說明政府如何率先運用行為科學，先來看一個使用行為科學的原則成功解決吸菸問題的例子。

在英國，吸菸是造成健康不平等（health inequality）的最大原因。光是英格蘭，每年就有近七萬八千人因為吸菸而致死。[01]我在大眾服務事業期間，大部分時間都是在面對吸菸這個難題。2006年，我成為衛生部的活動負責人，這是我第一次進入公共部門。我負責的工作，是舉辦各種鼓勵民眾戒菸的宣傳活動。

從許多方面來看，吸菸都是典型的非理性行為。史巴克永遠不會碰香菸。政府已經持續推廣戒菸活動四十多年，這表示幾乎所有吸菸的人都知道這對他們的健康有害。雖然大部分的人都有戒菸的念頭，但由於缺乏意志力，再加上吸菸具有化學成癮性和習慣養成的性質，因此他們很難成功戒菸。如果只把心思放在驅動行為的理性因素上（也就是只提供民眾理性的戒菸資訊），我們的戒菸運動就不可能達成目標──在2010年之前使成年人的總體吸菸率降低至21%或更低。

我們的工作與行為密不可分，每一項都是根據能否影響民眾戒菸並維持不再吸煙而進行評估。政策和活動的指標，主要取決於與吸菸相關的

01　英格蘭國民保健署（NHS）的吸菸統計數據（2018年）。

行為，例如總體吸菸率、報名國民保健署戒菸服務的人數、撥打戒菸熱線的人數，或是造訪我們網站的人數。

然而，用來評估效力的數據，大部分都與事實不符，因為吸菸者告訴我們的內容，不一定能夠準確反映出推動他們行為背後的因素，這點將在本書的第五部分詳細討論。我們採用的原則來自社群行銷，也就是如何使用既定的行銷技術永久改變行為。大部分的理論基礎是心理學，以及我們對於人類不合理行為的理解。

為了制定新的戒菸行銷策略，我們團隊決定與外部的策略專家合作，這位專家就是業界知名的廣告規劃師凱特・華特斯（Kate Waters），她現為英國獨立電視台（ITV）的客戶策略暨規劃總監。

我曾經在2019年初到華特斯共同創辦的Now廣告公司採訪過她。正如她當時所說：「我有心理學學位，但我從未想過心理學居然會派上用場。事實上，我應該已經忘記大部分內容了，但是大約在畢業十年後，當我在英國心臟基金會（British Heart Foundation）做簡報時，我有預感這次用得上心理學。」那份簡報非常精彩，內容大致上是：政府希望讓更多人戒菸，並且認為應該要用嚇唬民眾的方式達成目的，但他們擔心這樣會影響到國民保健署善良、關懷與熱心的形象。因此，政府向英國心臟基金會求助，想辦法在有關菸害管制的辯論中提出新的觀點。

「我們最後的計畫是所謂的『脂肪菸』運動。我們做出了一支我覺得是史上最噁心的廣告。這個廣告是真的很讓人倒胃，應該是電視史上數一數二的噁心畫面。」

「雖然吸菸者與吸菸行為有著密不可分的關係，但有趣的是，吸菸者卻會對香菸本身抱持相當矛盾的心理。我們的目標，是讓吸菸者排斥香菸。我們就是要讓吸菸者出現古典制約的反應，也就是每當他們看到香菸時，都會不由自主想起在他們的動脈中累積的黏稠物。」

這支廣告在好幾年後，仍然是讓吸菸者留下最深刻印象的戒菸活動，這次活動還成功使超過一萬四千人戒菸。[02]

02　www.thirdsector.co.uk/change-makers-british-heart-foundation/communications/article/1192942

你每吸一根菸，動脈就會多累積一點脂肪。
在你的動脈被完全塞住之前，我們可以協助你戒菸。
Source: BHF Fatty Cigarettes Campaign Ad, 2004[03]

　　數年後，當華特斯在為我們的部門制定行銷策略時，她同樣從行為科學中尋找靈感，試圖幫助更多人成功戒菸。我們的策略從單純基於吸菸的長期後果（例如增加心臟病、中風及肺癌的風險）向民眾提供合理的戒菸理由，改成像前面的例子一樣，利用更具情緒性與即時性的捷思法及偏誤等方式來進行。[04] 除了鼓勵民眾嘗試戒菸之外，這次的活動（在時間和預算方面）同樣注重如何透過小工具讓民眾在開始戒菸之後，持續維持不抽菸的習慣。這些小工具包括在關鍵時間透過簡訊和電子郵件向民送發送鼓勵的訊息，以提高戒菸者的動力和意志力，例如其他人在戒菸之後感受到的好處等。

　　這次活動的成果相當驚人，有超過十萬人聯繫國民保健署，希望能尋求戒菸協助。我們在2009年就達到了21％的目標，比原定期限還早了

03　華特斯告訴我，香菸廣告中的脂肪是由鷹嘴豆泥和壁紙糨糊混合而成。聞起來一定很噁心。
04　本書的第五部分將提到，在這之後，我們開始將鼓勵訊息的內容，聚焦在吸菸對家人的影響上。

一年。這次的活動也讓我深受啟發，無論是為公共部門或私人企業工作時，我都開始在工作中更頻繁運用行為科學的原則。

「推」出好習慣

2008 年四月，哈佛大學法學教授凱斯・桑思坦（Cass Sunstein）和芝加哥大學經濟學教授理查・塞勒（Richard Thaler）出版了《推出你的影響力》這本書，講述如何藉由「推力」及「自由家長制」等行為經濟學的概念來鼓勵他人改善行為。

很少有書籍能夠對政府的決策造成如此深遠的影響。本書的概念相當簡單，塞勒和桑思坦以史巴克和荷馬作為比喻，說明無論想要改善飲食習慣、為退休生活儲蓄或捐贈器官，改變行為最有效的方法通常是靠名為「輕推」（nudge）的力量，因為我們通常會因為天生的偏誤而缺乏實現這些目標的能力或意願。

在這類情況下，理性呼籲無法對我們的系統二產生功效。以吸菸為例，雖然吸菸者的史巴克腦知道戒菸比較好，但荷馬腦會阻止他們採取行動。

塞勒和桑思坦將輕推定義為對「選擇架構」（choice architecture）的微小修正，而且通常是看似微不足道的變更。所謂的選擇架構，就是呈現選擇的方式，而選擇架構最後將會影響每個人所做出的選擇。舉例而言，假如器官捐贈從「選擇加入」的模式改成「選擇退出」（也就是除非明確提出拒絕，否則預設每個人都同意器官捐贈），器官捐贈者的人數就會大幅增加。[05] 同理，若把健康食品放在超市貨架上更容易拿取（例

05　然而，這不代表獲得器官的人數會增加。這個問題很複雜，因為這牽涉到捐贈者去世時醫院所採用的程序。由於院方需要取得家屬同意，還需要適當的人員和物流管道來確保器官可以及時取得並運送給患者使用。在英國，每間國民保健署的醫院都設有一名專門負責管理的器官捐贈的護士，而這是英國唯一且最有效提升活體器官捐贈成功率的一項作為。雖然在名單上增加人數確實可以增加捐助的來源，但爭議在於強制性選擇加入的模式（每個人都必須表示自己的意願，並讓家屬知道自己的意願）是否比選擇退出的模式更理想。以選擇退出的模式而言，假如某人去世，家人可能會無法確定本人的真正意願，因而導致更多家屬選擇拒絕捐贈。蘇格蘭和威爾斯近年來已採用選擇退出的模式，而在撰寫本書時，英格蘭已經表示有意跟進。

如較低）的位置，民眾就比較會購買健康食品，而不是垃圾零食。

　　菸盒上的內臟警告圖片也可以算是一種輕推，因為這些圖片無法限制民眾購買香菸的能力，但會使民眾在認知上變得更難以買下手（吸引力降低）。同理，使香菸在物理上變得更難以購買（例如把香菸放在沒有做記號的上鎖櫥櫃中）也是另一種輕推。

　　這種方法很快就獲得了政府決策者的青睞，因為好處非常明顯。首先，這種方法沒有強迫人民改變行為，因此他們的選擇能力及個人自由皆獲得保障。再者，改變選擇架構的成本通常非常低，造成的干擾也很低。第三，由於輕推這種方法基本上算是「順其自然」，因此不大可能引起民眾的大規模反對或動盪。

　　輕推的力量對你我的事業也有重大好處，這點將在本書中持續不斷探索。假如輕推能夠以更輕鬆、更便宜的方式讓人對品牌產生興趣，那麼這就是比「猛推」（shove）或「污泥」（sludge）更好的做法。猛推是強迫他人採取特定行動，例如從把某個產品從特價清單中剔除，而桑思坦口中的污泥，則是使他人更難以實現理想結果的行為，例如增加取消訂閱的難度。

政府與行為科學

　　2009年，英國內閣辦公室與獨立智庫「政府研究所」（The Institute for Government）公布了一份名為《心智空間》（MINDSPACE）的報告，向政策制定者說明如何在公共政策中運用行為科學的原則。桑思坦成為歐巴馬政府的重要顧問，塞勒則是行為洞察團隊（BIT）的關鍵成員。行為洞察團隊是由大衛・卡麥隆（David Cameron）內閣在2010年成立的政策顧問團隊，團隊的負責人是《心智空間》的作者之一大衛・哈爾彭（David Halpern）。

　　行為洞察團隊中的許多創始成員和原則，都是來自過去隸屬於中央新聞辦公室（COI）的行為改變部門（Behavior Change Unit）。中央新聞辦公室曾經是中央政府的行銷部門，而我當時是該部門的溝通規劃人

員。[06] 中央新聞辦公室在2009年也根據行為經濟學、社會行銷學和社會心理學，公布一份關於溝通及改變行為的最佳方式的報告。我和同事蓋伊‧多米尼（Guy Dominy）根據這份報告和《心智空間》報告中的原則，為政府的公關人員設計了培訓課程。我們還引用了戒菸運動的例子，說明非意識性的影響如何成功改變他人的行為。

在那之後，行為洞察團隊的業務已經拓展到五個不同國家，而且他們的模式也已在各地被廣泛採用，並成立了許多「輕推單位」。之所以成長如此迅速，是因為他們以科學方式運用了行為科學的研究成果。

由於政府機關必須為任何決策負起責任，因此這種基於證據的做法是非常具有開創性的。如哈爾彭所說：「未來非常重要且值得期待，但這充其量只是驚鴻一瞥。在未來，政策與實踐都必須建立在確鑿的證據上，不能只是憑直覺或因循舊例。公共資金可以因此使用得更長遠，成果也會不斷獲得改善。」[07]

在從成功降低吸菸率等活動中汲取經驗後，政府不再只是狹隘地將行為科學的原理運用在（社會）行銷中，而是會基於科學及具體研究成果進行更廣泛的應用。在這方面，企業有很多可以向政府學習的地方。

06　英國在第二次世界大戰後不久，成立了中央新聞辦公室（現在已經廢除）。中央新聞辦公室的前身是負責宣傳政令的新聞部，最初的任務是為了向全國宣傳新成立的國民保健署，但大部分民眾之所以記得這個單位，是因為它們推出的《查理說》和《水池孤魂》等政府宣傳片大受歡迎，以及因為它們基於證據的實踐方式而備受尊重。雖然中央新聞辦公室在行為洞察團隊（BIT）的成立過程中扮演了不可或缺的角色，由於卡麥隆政府實施撙節政策，因此在2012年被下令關閉。後來，由於英國廣告從業人員協會（IPA）對繼任單位的採購程序表示不信任，因此政府成立了全新的單位：政府通訊處（GCS）。政府通訊處基本上就是中央新聞辦公室2.0版，而在轉型過程中，原本的員工幾乎都不在了。這些人不是選擇離開（例如我）、被裁員，就是被調到其他部門。

07　www.theguardian.com/public-leaders-network/small-business-blog/2014/feb/03/nudge-unit-quiet-revolution-evidence

運用科技進行輕推：我的戒菸夥伴

我在2012年移居澳洲，擔任媒體代理商優勢麥肯（Universal McCann）的策略總監，為澳洲聯邦政府服務。

吸菸在澳洲是可預防性死亡的第一名，這點和英國一樣。雖然政府長期以來不斷透過各種運動成功改變民眾的行為，使澳洲成為已開發世界中吸菸率最低的國家之一，但吸菸者就算知道菸草帶來的危害，還是選擇繼續吸菸。澳洲政府面對的問題，顯然和當年英國的情況一樣。和只是告訴民眾戒菸的理由相比，強調理想的行為結果（使民眾開始戒菸，並保持不再吸煙）更能有效降低吸菸率。換句話說，與其告訴他們原因，不如直接教他們怎麼做。這種方法也比到處投放昂貴的廣告更有效（即更便宜），而這種「化繁為簡」的做法，就是輕推的核心概念。

當我進入優勢麥肯時，我的新同事早已和政府客戶討論如何使用當時最新的行動應用程式技術來幫助民眾戒菸。我們將行為科學的研究結果，轉化成能夠輕推民眾的有效方法，例如社會認同（看到其他人已經不再需要仰賴該應用程式）和顯著性（向每個用戶提供客製化訊息）等心理作用。最後，我們與合作夥伴「專案工廠」（The Project Factory）一起完成了一個應用程式：我的戒菸夥伴（My QuitBuddy）。

第一個版本只花了八週的時間就完成了，基本上是一個最簡可行產品（MVP）[08]，功能相當有限。這個應用程式包括一些鼓勵訊息、一個想吸菸的時候可以用來分散注意力的小遊戲、記錄來自親友的鼓勵訊息，以及每次打開應用程式時，就會顯示已經省下多少錢及避開多少有毒焦油的功能。

我的戒菸夥伴在上架之後，很快就在iOS應用程式商店的「健康與健

08　這主要是因為衛生部長希望在2012年5月31日的世界無菸日當天有重要聲明可以發表（當時我們只有八週的時間）。雖然研發過程相當費力，但事後看來，我們做了非常正確的事情。部長在黃金時段播出的談話性節目《The Project》，也就是相當於澳洲版的《第一秀》（The One Show）節目中，花了八分鐘介紹我的戒菸夥伴這個應用程式，而下載量也在節目播出後如滾雪球般快速成長。

身」類別中衝上第一名，第一年的下載量更是超過十萬次，而且在上架七年後依然非常熱門，總下載量已經超過五十萬次，使用者成功戒菸的機率更是未使用此應用程式者的八倍。我的戒菸夥伴已經成為白標應用程式，可以供其他國家的政府使用，而且目前仍然是澳洲政府推行戒菸運動的關鍵。這個應用程式可說是澳洲政府推廣戒菸到目前為止最有效的行動。

為什麼會這麼成功？大多數人戒菸之所以會失敗，是因為菸癮可能隨時會襲來。我們最初決定要開發應用程式的原因，就是為了讓戒菸者能夠隨時獲得支援，因為大部分的人一天24小時都會把手機放在身邊。換句話說，這次靠技術解決問題的方式，是圍繞著對預期行為的深入洞察而建立的，並不是為了要做應用程式而去做了一個應用程式。

但更重要的是，我們可以做出一個更有效、更容易使用且更讓人忍不住想要使用的應用程式，因為我們已經取得了民眾在使用應用程式時的數據。在過去七年中，我們不斷根據從民眾實際行為所取得的數據，對應用程式進行更新。

舉例來說，我們發現很多用戶會將應用程式首頁用螢幕截圖的方式拍下來（包括他們省了多少錢、禁菸持續了多久等資訊），然後發佈到社群媒體上。本著化繁為簡的精神，我們在更新應用程式後，讓用戶可以直接與臉書和Twitter帳號連結，只要按一下就可以發布動態。這個功能利用了兩種行為偏誤：承諾偏誤（公開做出承諾之後，會更容易堅持某種行為；在此情況下，就是告訴所有朋友自己正在戒菸）和社會認同（若這個應用程式非常受歡迎，就會鼓勵其他人跟著下載和使用）。[09]

此外，我的戒菸夥伴會根據實際的用戶數據和行為科學而持續進行更新及改良。與傳統的一次性廣告相較之下，這是個非常明顯的優勢。

這個例子告訴我們，行為科學可以解決重要的社會問題。同樣地，行為科學也可以用來解決企業問題，甚至挽救生命。我自己也從這次的經

09　關於社會認同的說明，請參閱第20頁。

驗中學到了關注行為及其結果的重要性，例如我應該要幫助人們戒菸，而不只是告訴他們為什麼應該要戒菸。這個例子也顯示行為科學可以如何促進基於實證的策略，並且帶來更有創意的解決方法（例如脂肪菸運動）。此外，這次的經驗也告訴我們，比起一味追求創新或新鮮感，當科技搭配行為科學的理論時，才可以發揮最大的功效。這點將在本書的第二部分深入探討。

在下一章，我們將看到這種基於測試、學習及改良的科學方法，為何是行為科學事業的成功關鍵。

Chapter 3

試管精神
如何透過行為科學創造邊際效益

用「該死的科學」解決問題

在獲得奧斯卡獎多項提名的電影《絕地救援》中，麥特・戴蒙（Matt Damon）飾演一位被困在火星上的美國太空總署（NASA）植物學家。由於他的同行人員合理推測他已經在任務中身亡，因此決定先行回程。

雖然戴蒙的角色大難不死，但救援還要好幾年後才會前來，而他的物資只足夠維生數個月。

不過，身為一名優秀的科學家，他沒有驚慌失措，而是決定以最有效的方式解決問題。

這個解決方式，若用他的話來說，就是「用該死的科學來搞定」。

他查閱同事留下的筆記，利用手邊有限的資源進行實驗，例如以自己的糞便種植馬鈴薯等極具創意的方法，最後成功讓自己活了下來。

這不只是一部精彩的電影，還是運用科學解決人類問題的寓言故事。我們住的房屋、吃的食物、搭的交通工具中，都包含科學家使用科學方法所發明的事物。

基於現有證據提出假設、進行推論、透過觀察進行檢驗，然後重複以上步驟。

然而，商場上很少情況會以科學為基礎。事實上，大多數決定都沒有經過實驗，並且很多都是基於過時的假設。難道我們還要再繼續瞎猜下去嗎？

　　像行為洞察團隊這樣的政府行為團隊通常會有一個特徵，就是他們會以科學方法採取最佳做法。這通常表示他們會使用隨機對照試驗（RCT）。行為洞察團隊的執行長大衛‧哈爾彭稱之為「實證政策的黃金準則」。[01]

　　隨機對照試驗源自醫療科學，也就是在控制變因的情況下比較某種藥物的表現，例如提供一組受試者想要測試的藥物，另一組則沒有被提供任何藥物（也可以是提供其他藥物或安慰劑）。為了消除偏誤，所有的受試者都是隨機分配（隨機對照試驗的「隨機」兩字就是由此而來）。最後分析測驗後的數據，尋找兩組結果之間在統計數字上的顯著差異。這種方式不只可以確定有效與否，還可以找出是否有潛藏的副作用。

　　社會科學（包括行為科學）實驗通常會將受試者分成一組不加以干涉的控制組，以及另一組受到行為干涉（輕推）的實驗組。行為洞察團隊在為稅務海關總署所進行的一項稅務實驗中，使用了一封信來測試民眾的社會認同心理。在所有納稅人中，有一半會隨機收到寫著「大部分的人都會按時繳稅」的信，另一半則會收到稅務海關總署平常所寄的繳稅通知信。根據實驗結果，收到「大部分的人都會按時繳稅」這封信的人，在截止期限前繳稅的人數增加了15％。

　　在看到這封新的通知信成功使民眾準時繳稅之後，行為洞察團隊進一步對數據進行分析，結果發現在前5％的高收入納稅人之中，那封運用了社會認同的信，實際上反而使準時繳稅的可能性降低了25％。[02]

　　換句話說，那封信在這個群體中失效了。

01　www.theguardian.com/public-leaders-network/small-business-blog/2014/feb/03/nudge-unit-quiet-revolution-evidence
02　哈爾彭認為，因為按時繳稅的大型企業往往認為自己是特例，所以不會去在乎其他人的行為（即社會認同中最重要的部分）。

為了找出最適合這個群體的方法，行為洞察團隊在2015年又進行了一次隨機對照試驗，看看怎樣的訊息才能夠有效影響最高收入的納稅人。結果顯示，涉及損失規避的訊息，也就是不繳稅會對公共服務造成負面影響的訊息，使這群人的納稅率提高了8％。

　　因此，實驗獲得了進展。假設、演繹、觀察。

　　若換一種說法，也可以說是：測試、學習、適應。在上述的例子中，唯有依靠該死的科學，才能夠發現民眾的行為如何受到情境（即選擇架構）的嚴重影響。

損失規避

　　很多人可能經歷過錯失恐懼症（FOMO），或者發現自己之所以想要做某件事（例如去參加派對或看電影）不是因為自己特別想要做，而是因為害怕將來會後悔當初沒有做。這其實是一種非常普遍的行為偏誤：損失規避（loss aversion）。

　　簡單來說，損失規避就是：比起可能的收穫，我們的行為更容易受到可能的損失所影響，例如失去五英鎊的心情，通常比收到五英鎊的心情還要強烈。損失規避也與一些偏誤有關，例如稟賦效應（endowment effect，明明是同樣的物品，我們會比較重視自己擁有的那個）和稀少性偏誤（scarcity bias，面對可能缺貨的商品，我們會更渴望擁有）。

　　演化心理學家用生存本能來解釋稀少性偏誤。在這個資源稀缺的世界中，我們需要盡量利用及保存資源，因為這些資源可能明天就消失了。即使在相對富足的世界中，我們的行為仍受到稀少性偏誤所影響。

　　我們還有一種名叫當下偏誤（present bias）的心理：比起未來，我們更重視當下。產生這種偏誤的主要原因，可能是因為我們比較能夠想像目前手邊的資源（例如金錢）可以做什麼。這解釋了為什麼我們

通常不擅長為退休儲蓄，或是為何每到月底時，銀行中的存款常常比我們預期中來得少。

各種企業（尤其是在行銷時）經常會利用人類的偏誤，例如限時特價、清倉拍賣等。在網路上買機票或訂旅館房間時，我們常會看到「這個價格只剩最後五份！」這類的輕推之詞，讓我們本能地更想要這些產品，而且會想要立即結帳。但是，請注意這裡的巧妙措辭——「這個價格」代表目前的價格以後有可能會變便宜，也可能會變貴，但我們天生的偏誤會讓我們覺得，假如現在不趕快把握機會，以後就虧大了！

在本章稍後會提到一個銀行客服中心的例子，與他們合作時，我們試著利用損失規避的心理為客戶帶來利益。轉移到網路銀行有很多好處，例如更安全、更快速及更環保（因為不需要再寄送紙本帳單）。我們發現，只要告訴客戶不申辦會很吃虧，就可以顯著提高他們決定使用網路銀行的機率。在過去，客戶服務代表（CSR）會用非常理性的方式和客戶講解網路銀行的好處，但是客戶往往會把這些話當作耳邊風，或是在講解完之前就打岔。

光是對客戶說會錯失良機，效果就非常好，通常甚至不需要解釋換成網路銀行有什麼好處（這表示他們其實早就知道網路銀行是什麼，只是因為思維懶惰或不感興趣而懶得調整）。如果客戶提出疑問，客服代表就可以仔細講解，不過在大部分情況下，客戶其實早已做出決定。

這個例子再次證實，和理智的系統二比起來，本能的系統一在處理速度上不但快得多，而且影響更強大。

從失敗中學習

記者馬修・席德（Matthew Syed）在其著作《失敗的力量》（*Black Box Thinking*）中，對醫學和航空這兩個行業針對最佳實踐和避免失敗（失敗的結果通常是死亡）方面進行了比較。他發現醫療產業在發生失敗

時，通常不會以科學方法回應，這點正好與使用隨機對照試驗測試藥物的方法相反。由於害怕被報復及鬧上法庭，因此醫療失誤通常會被掩蓋或忽略。

但正如席德所說：「在科學這門學科中，從失敗中學習是不可或缺的一部分。」這就是為什麼黑盒子在1960年代為飛安帶來如此重大的影響（黑盒子可以保留與空難相關的所有數據，然後與全球所有同業分享）。[03]

2017年是歷史紀錄中第一次沒有因商業客機墜毀而造成死亡事故的一年。當年，全球共有399人死於貨機和軍機事故（作為比較，1972年的統計數字為3,346人）。[04]

席德將這種以科學方法面對失敗的態度，歸類為組織中「成長型思維」（growth mindset）的特徵，與之相對的則是「固定型思維」（fixed mindset）。成長型思維也是一個企業或組織透過邊際收益而逐漸進步的最佳方法。他還引述了哲學家暨科學家卡爾‧波普爾（Karl Popper）的名言：「科學史和所有人類思想史一樣，都是充滿錯誤的歷史。但科學是少數甚至是唯一會系統性批評且通常會及時糾正錯誤的人類活動。這就是為什麼我們可以斷言，在科學領域中，我們可以從錯誤中學到東西。這也是為什麼，我們可以清楚而理智地談論進步。」

若企業希望能進步、成長和成功，就必須了解科學方法的優點和測試的價值，而且必須理解這是一個不斷反覆的過程。在這過程中，我們從失敗經驗所學到的東西，和從成功經驗一樣多，就像行為洞察團隊從稅務海關總署的實驗中學習一樣。透過進行測試，確定哪種方法可以在現實環境中起作用，行為科學就可以由不斷改進和邊際效益中，將既有管理技術的有效性再提升，好比持續改善（kaizen），精益思維（lean thinking）和敏捷流程（agile processes）。

03　經由國際條約所同意。

04　這份數據的來源是位於日內瓦的非政府組織「飛機事故檔案局」（Bureau of Aircraft Accidents Archives）。值得一提的是，根據世界民航統計資料（Civil Aviation Statistics of the World）、國際民用航空組織（International Civil Aviation Organization）及其員工估計，這段期間的航空交通量（即飛機載運的人數）已從每年 3.31 億增加到約 40 億。

以成長型思維面對事業上的挑戰

2017 與 2018 年間，我與業界知名的服務暨經營管理顧問公司 OEE[05] 的夥伴合作展開了一個計畫。這個計畫的客戶是一間外包商，他們為英國最大的儲蓄銀行之一（擁有超過兩千萬客戶）提供電話客服中心的服務。OEE 顧問公司當時正在根據精益原則開發許多新的程序和系統，為客服中心提供更好的作業程序，以達成效率（節省資金）及效果（為客戶提供更好的服務）。

我被邀請的目的，是針對客戶服務代表在電話中所說的內容，為如何提供更好的客戶服務提供建議，也就是如何使用輕推的方式，提升客戶（更有效解答他們的疑惑，例如如何進行餘額轉賬）和銀行（縮短通話時間，讓他們可以應付更多來電，並鼓勵客戶接受線上和無紙化的通知方式）之間的溝通品質。[06]

這裡舉其中一個例子：我們的研究發現，許多客戶都沒有通過例行性的安全檢查。聽完幾通電話後，我們發現這是因為客服代表在進行安全檢查的時候，不只語氣過分正式，措辭還有點冒犯。客服所說的話，實際上是在對客戶說：如果你無法證明自己的身份，銀行就無法也不願意為你提供任何服務。這種詢問方式會對客戶造成很大的壓力，尤其是年長的客戶，而且事實證明，這已經影響到他們的心理可得性（mental availability）[07] 和回憶訊息的能力。因此，當客戶在面對安全問題時，經常會在驚慌之中回答錯誤的答案，不但使通話時間變長，還讓客戶感到很挫敗。

因此，我們在措辭上做了一些細微的調整，使安全問題聽起來更正面，例如將「如果您可以證明自己的身分」改成「當您證明自己的身分時」[08]，甚至對客戶表示他們可以「慢慢來」，藉此舒緩他們的情緒。雖然

05　現為 GoBeyond 企管顧問公司。
06　這是一個雙贏的局面，而且與塞勒和桑思坦「順應行為」的做法一致。沒有人喜歡把時間浪費在跟銀行通電話上，因此縮短通話時間對雙方都有利。通話時間與客戶滿意度成反比。
07　請參閱第 24 頁有關可得性偏誤的說明。
08　這裡運用了自我效能（self-efficacy）的行為偏誤，也就是我們愈相信自己能夠達成某個結果，

聽起來很違反直覺，但放慢對話速度，實際上可以減少通話的總時數。

在這個例子中，行為科學告訴我們：表達方式和說話內容其實一樣重要，甚至更重要。

這是我們採用的許多措施（輕推）之一。考量到實際情形，我們不可能針對每種輕推進行完整的隨機對照試驗，因此我們進行了一個前導實驗，隨機從客服中心的挑選了幾位客服代表進行為期12週的培訓，指導他們如何使用這些輕推的技巧，然後觀察這些客服代表和其他未受訓客服代表的表現。

回顧在第一章中提過的行為科學事業的三個標準：我們根據數據確認哪些做法有效、透過實驗進行驗證，並取得來自實際行為（通話成果）的可靠數據。我們決定想要成為怎樣的企業，將會明確而直接影響行為上的結果。

在前導實驗之後，已受訓組員的通話時間比未受訓組員少了11％。[09]由於他們每天要處理上千通來電，因此這個落差可能價值數百萬英鎊。另外，客戶滿意度也相對提高了，因此我們可以根據行為的結果，證明這個做法在效率和效益方面總體而言相當成功。在那之後，我們也為剩下的三百位客服代表進行了培訓。

測試的重要性

或許有人會懷疑：為了讓我的企業妥善利用行為科學，是否每次要輕推某種行為時，都必須進行隨機對照試驗？在每次發送電子郵件之前，都需要請一個行為科學的博士團隊進行垂直和統計分析嗎？

根據前面的例子和我的個人經驗，答案是不需要。隨機對照試驗不是

　　就愈會影響實現該結果的可能性，也因此客戶更有可能成功通過安全問題。

09　事實上，由於一些操作上的原因，客服中心其他未受訓的客服代表在前導實驗的整個過程中，通話時間其實更長，因此兩組之間實際上存在相對更大的落差。

唯一的實驗方法，而且在企業界由於時間或金錢等因素，因此通常無法進行隨機對照試驗。此外，現實世界中的人類行為非常複雜。目前已透過研究發現兩百多種不同的行為偏誤，因此我們也不可能得知每個行為背後受到多少及哪些推力影響。

《我就知道你會買》（*The Choice Factory*）的作者理查・尚頓（Richard Shotton）是運用行為科學行銷的專家，他認為在進行實驗時，最重要的是創造一個現實的情境，而不是樣本數量。他曾說過「情境非常重要，而且嚴重被低估」，並表示「進行測試的兩個原因，是為了進行說服和提出證明，而且必須使用觀察到的數據，而不是他人聲稱的數據」。

舉例而言，我曾經看過兩個不同的客服中心明明一模一樣的措辭，卻導致完全不同的結果。這句話只是強調在擬真情境中進行測試的重要性。在前面提到的例子中，若我們沒有進行前導實驗，只是盲目應用學術原理，將會造成不可饒恕的商業風險，而且完全不科學。

非理性顧問公司（The Irrational Agency）共同創辦人暨《訂價背後的心理學》（*The Psychology of Price*）作者李・考德威爾（Leigh Caldwell）也表示過類似的看法：「在真實情境中進行測試之前，永遠無法確定什麼做法會有效。每個人都會受到情境影響，因為每個人都擁有自己的世界觀。」

理查・塞勒也說過：「你該研究的是這個世界，而不是文獻。」[10]

不同的是，我們在企業界的工作成果不受同儕評閱，更不會在學術期刊上發表，因為這樣會失去競爭優勢。正如羅里・薩特蘭（Rory Sutherland）[11]所說：「讓我簡單解釋一下企業和行為科學的共同之處：兩者都需要做實驗，但除此之外，一切都略為不同。」[12]薩特蘭是英國奧美集團副總監、《人性煉金術》（*Alchemy*）作者及行為科學的重要倡導者。

10　這是他在推特上被問到「要給博士生什麼重要建議」時的回答。
11　基於開誠布公的原則，這個人其實就是我的前老闆。
12　behavioralscientist.org/it-isnt-a-replication-crisis-its-a-replication-opportunity

企業最重視的，就是競爭優勢。如前所述，以科學方法改變行為可以帶來進步和創新，並藉此獲得競爭優勢。無論是在學術上經過嚴謹考據後進行實驗，或是純粹培養出不斷進行測試、學習、提出假設和演繹成果的思維方式，都可以做到。這也表示，企業不應該過分關注學術界目前正熱烈討論的再現性危機（replication crisis），也就是某些心理學實驗可能面臨無法複製或再現的問題。事實上，跟腫瘤醫學等醫學學科比起來，社會心理學實驗的再現率樂觀多了。

　　如薩特蘭所說：「科學界的夢想，是發現普世且永恆的真理或法則，但在企業界，我們通常不需要正確解答，只要針對當下情況做出最佳決策即可 —— 商場上不需要『正確』，只需要『足夠正確』—— 有時候，只要犯的錯比競爭對手少就夠了。」

　　換句話說，企業不需要博士學位就可以用該死的科學解決問題。但是，有時候結果不如預期時，企業也必須學著接受。

　　事實上，由於行為科學奠基於在無意識中驅動行為的隱藏因素，因此幾乎總是會有出乎意料的事情發生。薩特蘭認為，這是行為科學天生的（競爭）優勢。

　　「每次進行測試的時候，都會有一些重大發現，而且很多都不是意料之內的事。然而，這些發現卻又重要到值得進行測試。最後，收穫會非常可觀……我認為這是一個強大的優勢，因為人類只會去測試合理的事物。對於理性的建議，我們的舉證責任非常低，但對於非理性的建議，我們必須負起十足的舉證責任。」

　　「然而，非理性的建議一旦奏效，價值就會水漲船高，因為你掌握到的知識可能會是贏過對手的關鍵。比起再次確認早已知道的事，這種非理性的知識更具價值。」

　　他的結論非常明確：「去測試違反直覺的做法吧，因為你的競爭對手不會想到要這麼做。」

根據我的個人經驗，這種做法還有一個好處，就是預算會比較低。假如聘請像麥肯錫這樣的傳統管理顧問公司來解決問題，可能會在花費數十萬英鎊之後得到一份長達數百頁的報告，最後卻只得到一種解決方案。

然而，若僱用行為科學家，可能只會得到一份十頁的報告，其中卻記錄了十種解決方案，而且可以實際測試這些方法是否有效。運用行為科學的解決方案無論對小型、新創或大型企業都適用，而且可以讓競爭環境變得更公平。

就連麥肯錫也在2019年承認了行為科學在企業界的重要地位：「若想要成立一個有效的輕推部門，不能只是僱用一些捷思法和統計學方面的專家，而是應該由高階管理人員協助成立及管理該部門、認可該部門所帶來的影響，並協助該部門的人員保持高道德標準，才能創造成功的條件。」[13]

根據我對頂尖行為科學家的採訪，他們確實認為實驗性方法是非常有價值的做法，而這樣的想法，我個人喜歡稱之為「**試管精神**」。

南非知名的律師大衛‧佩羅特（David Perrott）曾說過，實驗性方法事實上是在培養創意，而不是扼殺創意。「實驗能激發更多創意、更多的與直覺相反的想法，以及更多創新的技術，因為實驗是一種考驗。就算實驗失敗，也沒有人的名譽會因此受損。」

在本書接下來的章節中，我們將看到「認識行為科學並應用試管精神」如何在事業的關鍵處帶來收益，以及一些龍頭企業如何有效運用行為科學的知識。

接下來將說明，如何以成長型思維消除失敗所帶來的恥辱感。我們也將透過一種實驗性方式，認識一些驅動人類行為的因素，而這些因素也

---

13 'Lessons from the front line of corporate nudging', *McKinsey Quarterly*, January 2019.

是使21世紀最成功的全球企業不斷成長茁壯的原因。最後，我們將學到如何將這些因素融入組織文化中。另外，我們也會看到這些人如何將成長型思維深植於這些組織中。

Chapter 4

如何建立行為經營模式
你該怎麼做？

在本書的第一部分，我們已經知道行為科學：

- 人類的許多決策比我們想像中更情緒化、更不理性、更出於直覺；

- 因此，許多行為在很大程度上其實是受到情境，或是與生俱來的偏誤和捷思法所影響；

- 就算只是稍微改變情境（選擇架構），也能對行為造成很大的影響；

- 許多政府已經應用行為科學，透過以科學證據為基礎的方法解決吸菸等重要問題；

- 為了確定改變行為的最有效方法，必須在盡可能接近真實世界的環境中進行測試，並收集關於實際行為（而不是口頭聲稱）的資料；

- 為了在經營上有效改變行為，就需要成長型思維，也就是我們必須認知到，從失敗中汲取到的教訓可以和從成功汲取到的一樣多；

- 對於企業來說，已經證實運用行為科學可以產生邊際效益（而且既有效率又有效果），並獲得競爭優勢。

以下幾項措施可以有效運用行為科學，進而成為行為科學事業：

- 首先必須認知到，人們通常都處於荷馬模式中（也就是只有在必要時才進行思考），然後根據需要的行為，建立容易實現的方法、系統、產品和服務；

- 根據需要的行為收集資料時，重點是要收集關於實際行為的資料，而不是口頭聲稱的資料；

- 根據資料提出假設、建立基礎設施、進行實驗，然後驗證這些假設，也就是用科學來搞定；

- 鼓勵試管精神 —— 鼓勵持續測試、學習、提出新的假設，並對創新、反直覺的解決方案進行測試；

- 其中一些實驗可能會失敗，要預先做好心理準備。從這些失敗中學習，是成長型思維的重要成分。這種成長型思維能夠有效率且有效果帶來邊際效益。

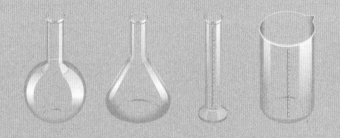

Part 2

數位科技與行為科學

唯有透過實驗,才能確定最有效的方法。
這就是為什麼這些公司非常重視成長型思維,
鼓勵員工進行測試、學習和實驗。

　　進擊的行為科學

Chapter 5

數位科技的「尖牙」
行為科學與數位企業

數位科技,輕鬆搞定

被統稱為「尖牙」(FANG)的全球四大數位公司臉書(Facebook)、亞馬遜(Amazon)、網飛(Netflix)和谷歌(Google)在本書撰寫時的總市值已超過23,500億美元。然而,這四間公司都不是最早出現在各自領域的先行者,也沒有使用任何獨特的技術。換句話說,尖牙的成就不僅僅是來自創新的技術。

尖牙中的每一間公司,都在密切關注客戶的心理,然後以不同方式研發出更簡便的流程、系統、產品或服務,因而在商場上取得成功。

然而,數位商品及服務的供應商似乎經常忘記或忽略一點:消費者總是希望做決定的過程(以及他們的生活)可以變得輕鬆。數位使用者體驗應該要短暫而不是長久,而且使用者付出的心力要盡可能越少越好。不但要讓使用者付出最少體力(例如隔天就送貨到府),還要付出最少腦力。

21世紀最成功的數位公司,都將消費者必須付出的認知心力降到最低。尖牙提供的產品不只技術上不斷創新,而且順應行為、減少摩擦,讓使用者的選擇過程盡可能容易,因此分別在社群、電子商務、內容和搜尋領域贏得了市場主導地位。他們利用本能的系統一偏誤和捷思法提供輕鬆的體驗,將體驗轉變為習慣,使其產品天生就帶有成癮性。不過這麼做也引起了一些相關的倫理與道德問題,這些都將在後面提到。

先來看一個簡單的例子。還記得重大新聞頻傳的1998年嗎？當年有總統與實習生傳出不倫緋聞、歐洲國家同意緊密地合作並引入單一貨幣，小甜甜布蘭妮（Britney Spears）則以《愛的再告白》再次驚動世人。

而在同年9月28日，一個名為Google的新搜尋引擎問世了。

Google不是世界上第一個搜尋引擎，甚至不是前五十個問世的搜尋引擎。在1998年，還有數十種類似的產品可用，例如雅虎（Yahoo!）、阿爾塔維斯塔（Altavista）、美國線上（AOL）和問問吉夫斯（Ask Jeeves）。[01] 然而，兩位史丹佛大學的輟學生謝爾蓋・布林（Sergey Brin）和賴利・佩吉（Larry Page）卻打造出一個打破市場的產品，並且很快就幾乎壟斷了整個市場。

二十年來，英國85％網路搜尋都是使用Google進行的。這是一個驚人的成長，而且這個成就幾乎沒有靠行銷幫助。Google的大部分行銷工作都集中在其他產品上，例如電話和語音助理。

在搜尋市場上，Google創新的不是技術，而是**心理**。他們的背景技術和其他搜尋引擎公司基本上是一樣的，提供的資訊與其他供應商也大致相同，但是呈現給使用者的方式卻不同。他們說的是一樣的話，但是表達的方式更好。尼爾・艾歐（Nir Eyal）在他的著作《鉤癮效應》（Hooked）中說道：「事實證明，Google的網頁排名[02]演算法是能夠更有效為網路建立索引的方法。Google藉由與其他網站的連接頻率對網頁進行排名，進而改善了搜尋的相關性。與Yahoo!等基於主題目錄的搜尋工具相比，Google節省了很多時間。Google在另一方面也擊敗了其他搜尋引擎：很多搜尋引擎會被無關緊要的網站及廣告所污染，但Google的首頁從一開始就非常乾淨且簡單，搜尋結果頁面也完全專注於簡化搜尋過程及顯示相關結果。」

---

01 到了2002年，即使谷歌已經歷了非常成功的三年，也難以預測未來是否將繼續佔據主導地位。當年，也就是艾瑞克・施密特（Eric Schmidt）被任命為執行長的隔年，《紐約時報》中的一篇文章寫道：「……更大的問題是，谷歌是否有足夠的規模能夠分得搜尋廣告市場的一杯羹。換句話說，谷歌的商業模式能否跟得上遠遠領先在前的技術能力呢？」www.nytimes.com/2002/04/08/business/google-s-toughest-search-is-for-a-business-model.html

02 小知識：網頁排名PageRank中的page其實不是指網頁，而是谷歌的共同創辦人佩吉。這是我在撰寫本書時才知道的事。

「簡單來說，Google減少了使用者尋找所需內容時所必須花費的時間和認知心力。[03]」

撇開「倖存者偏誤」（survivorship bias）不談，這個例子說明了以證據為基礎並充分掌握消費者心理，如何讓Google成為現今這頭數位世界中的巨獸。由於Google理解消費者，所以他們提供的產品和體驗比競爭對手更實用、更令人難忘、在認知上更不費力，也因此更具吸引力。

倖存者偏誤

每一次在成功人士發表演說前，
都應該要先向聽眾說明何謂倖存者偏誤。

上面這張漫畫的好笑之處，在於能否贏得彩券純粹是看運氣，投入

03　加強語氣。

時間跟中獎機率毫無關聯，但成功的人往往會因為樂觀的性格特質，而在事後將成功的原因合理化。[04]

因此，很多人會說：「歷史是由勝利者所寫。」

由於這種偏誤的影響，比起失敗的故事，我們對成功的故事比更著迷，而且常常忽略運氣的成分。

大衛・麥瑞尼（David McRaney）在他的著作《你沒有你想的那麼聰明》（*You Are Now Less Dumb*）中，舉了倖存者偏誤的一個知名例子。這個故事的主角是統計學家亞伯拉罕・沃爾德（Abraham Wald），他在第二次世界大戰期間任職於美國空軍應用數學小組。

當時，空軍長官對於轟炸機人員生存率極低一事感到非常苦惱，曾經一度只有50%的機率能夠從任務中生還。因此，長官想藉由加強飛機上的裝甲，以增加機組人員全身而返的機會，但是他們沒辦法為整個機身進行強化，因為那樣會使飛機過重而無法飛行，而且當時鋼鐵的供應非常短缺。

根據軍方記錄，在從任務歸來的飛機之中，累積最多彈孔的位置是機翼、機尾砲手周圍及機體中央以後的地方。因此，他們的第一個想法自然就是強化這些地方。

麥瑞尼解釋道：「但沃爾德立即發現，彈孔事實上顯示出的是機身最堅固的位置。沃爾德向長官解釋，這些彈孔表示這些位置明明已經中彈，飛行員卻能倖免於難。這些不過就是彈孔而已。他們應該留意的是其他飛機無法平安回來的原因，以及那些飛機欠缺保護的位置。」

沃爾德進行了試驗，找出其他哪些地方最需要充分保護，最後成功挽救了無數性命。他的理論至今仍廣為使用。[05]

04　這其實是基本歸因謬誤的一種表現，請參閱第197頁。
05　極度諷刺的是，沃爾德後來和他的妻子在1950年的一場空難中喪命。

假如只觀察倖存下來的飛機，美國空軍就會誤解是哪些原因使飛行員平安歸來。這種偏誤使他們忘記，從失敗經驗中可以學習的東西，其實和成功經驗一樣多（甚至更多），並且忘記應該要對正面的結果抱持懷疑的態度。因此，我們應該克服想要隱瞞失敗的本能，因為如果不這樣做，則很有可能重蹈覆徹。我們也應該接受一個事實：很多成功的例子，純粹只是運氣好。

這不僅是成長型思維的基礎，也是實驗的基礎。如果在實驗中測試了五個東西，最後只有兩個成功，這不見得是一件壞事，也不代表實驗失敗了 [06]，因為最後其實得到了五個有價值的知識。這些知識將成為商業競爭上的優勢，因為我們知道哪些做法有效，而哪些事不該去做。

丹尼爾・康納曼曾表示：「因為誤打誤撞而成功的愚蠢決定，事後往往會認為是個明智之舉。」

讓搜尋變得更容易：Google

雖然Google的產品是以行為科學為基礎而發展，但能夠成功的另一部分原因，其實只是運氣好而已。當初Google的界面之所以如此純粹，其實只是因為賴利・佩吉不知道怎麼用超文字標示語言（HTML）編碼。這則軼事現在已經是一個公開的秘密。

儘管如此，由於這種介面大受歡迎，所以Google首頁在這20年來除了更新品牌形象和「Google塗鴉」（Google doodles）之外 [07]，基本上沒有太大的改變。

---

06 相信任何科學家都會這麼說：唯一稱得上「失敗」的實驗，就是在進行方式上出問題，導致結果不可信的實驗。實際上，我在將行為科學應用於商場時，2：3 的黃金比例相當準確。

07 這是完全出於自發性付出（即實際上沒必要這麼做），卻能產生互惠及好感的一個很好的例子。這個現象可以稱為卡諾效應（Kano effect），或是簡單稱之為額外付出，例如在餐廳點咖啡時送的餅乾或巧克力，或是搭商務艙時拿到的金屬餐具。

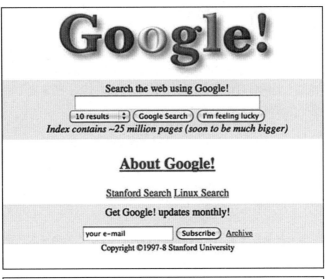

1998 年的 Google 首頁（上圖）及現在的 Google 首頁（下圖）

　　Google 在搜尋的體驗上盡可能簡化認知負荷的一個例子，就是在選擇架構上，只提供「Google 搜尋」和「好手氣」（I'm Feeling Lucky）這兩顆按鈕。

　　你曾經在搜尋東西的時候，按過「好手氣」的按鈕嗎？我也沒按過。我在 Google 的朋友告訴我，這並不稀奇。根據 2007 年的一項分析，使用「好手氣」按鈕進行的搜尋查詢次數佔總次數不到百分之一。[08] 假如

08　www.quora.com/How-many-people-use-the-Google-Im-Feeling-Lucky-search

按下「好手氣」的按鈕，使用者的畫面就會跳過搜尋結果的列表，直接進到搜尋結果的第一個網站中。換句話說，在這些不到百分之一的搜尋中，Google沒辦法顯示任何廣告（因此不會有廣告點擊數）。分析結果顯示，這顆按鈕會使Google每年損失高達一億美元的廣告收入。[09]

然而，這顆按鈕一直都還在。既然使用者若按下「好手氣」會減少Google賺的錢，而且又幾乎沒有人使用它，為什麼這顆按鈕依然存在？是因為念舊嗎？根據Google內部非官方的回應，這個安慰劑一般的選擇之所以一直被保留下來，是因為它隱約象徵**Google始終會盡可能為使用者提供最佳的搜尋結果**。[10]

這種二十年不變的微妙輕推，不只讓使用者對搜尋結果充滿信心，也會提升他們對於「這個品牌會提供正確結果」的自我效能（信心與信任），這點和第三章提到銀行用不同措辭來進行安全檢查的例子一樣。Google其實是在對世人說：無論您按的是哪一顆按鈕，我們都會提供您要的結果。Google服務的是使用者，而不是廣告商（至少它們想要釋出這樣的暗示）。

Google後來的創新（例如自動完成查詢字串、自動修正拼字錯誤等功能）同樣是基於如何進一步改善使用者體驗的認知易用性，例如根據使用者過去的搜尋行為，客製化顯示最適合的搜尋結果（Google首頁自1998年以來的一大改變，就是可以登入個人帳號）。這種個人化的體驗，讓Google使用起來變得更容易，因為人類會特別珍惜自己所擁有的事物。[11]這些種種做法，會讓我們越來越難戒掉Google，而這也是為什麼Google得以成為85%的網路使用者首選的搜尋引擎。

---

09 如今，由於新推出了「Google即時搜尋」（輸入文字時就會即時顯示搜尋結果）等功能引導使用者點選列出來的項目，因此「好手氣」的點擊率更低了。據估計，目前已經非常接近接近0%。
10 如下一章所述，Google會對任何東西進行測試，可以合理假設他們有內部證據來支持這一點。
11 這是基於「顯著性」的概念。參閱第24頁。

利用資料強化社會認同心理：Netflix

Netflix同樣藉由這種客製化效果及社會認同的心理（人類先天就有的隨波逐流天性），成為主導市場的龍頭。他們利用機械學習的演算法和客戶數據，為每個使用者量身打造觀影體驗（也就是每個人看到的網飛首頁都不一樣），並顯示其他人在看哪些影片。

此外，馬拉松式追劇的現象在很大程度上改變了觀影性質，也讓串流網站的獨特吸引力不再來自網站本身，而是內容。假如Netflix上就只有《法國小館兒》（'Allo 'Allo）或《心跳》（Heartbeat）這類內容可以選（就像很多電視頻道一樣），就不可能會這麼受到年輕觀眾的歡迎。

但更重要的是，Netflix上所有觀看的內容中，有80％以上是根據其推薦引擎而觀看。也就是根據使用者先前觀看的內容及其百分比排名，向使用者推薦下一部影片。這實際上是利用數字來達成社會認同的影響。

Netflix推薦的畫面一例

除了Netflix的員工之外，沒有人知道這些以百分比進行匹配的確切方式（是根據其他喜歡這部影片的人所看過的影片嗎？還是根據影片中的

主演、編劇或導演？還是電影種類？）。[12] 這樣的匹配方式，是Netflix從交友網站上學來的。這些網站會根據使用者的相容性（例如擁有共同興趣）進行匹配。

將資料與行為科學的知識結合起來，可以形成巨大的潛力並應用於許多其他情況中，以提供最引人注目的內容。

曾與歐洲各大媒體企業合作過的資深數位培訓顧問史蒂夫・湯普森（Steve Thompson）說：「Netflix持續觀察內容本身、故事線和角色中，各種與使用者相關的數據點，再利用這些洞見設計出未來的內容。使用者就會因為看過的影片，而得到對於其他內容的建議。Netflix只要利用機器學習，就可以不費吹灰之力輕推使用者去選擇將來要看的內容。」

最後，影片會開始向演化一樣進行天擇，只有強者（即最受歡迎的影片）得以生存，但同時保有足夠的多樣性以維持使用者的興趣。這樣可以讓影片的「基因庫」保持多樣性，同時主打最受歡迎的影片。

除了個人化推薦之外，Netflix推薦影片的方式也相當有個性。為了推銷影片所使用的圖片，會根據每個使用者最感興趣的內容而有所不同，即根據使用者的喜好而呈現不同的演員或圖片。

Netflix表示：「我們提供的並不是一個產品，而是超過一億種不同產品。每一位會員都會接收到**個人化的影劇推薦和圖像**。」[13]

結果，使用者不約而同非常信任這個機制，因為它解決了必須選擇接下來要看什麼的問題。在2020年，看電視的選擇悖論就是頻道和節目的數量太多了，反而成為一個追求完美選擇的難題。

Netflix透過一個簡單的「滿意與否」的問題，就解決了上述困境：如

12　據說這是絕對機密，但《連線》（*Wired*）雜誌曾在2017年發表的一篇文章中指出，那是以將使用者分為2000個不同的「試吃小組」為基礎，然後使用機器學習演算法進行建議，藉此「打破觀眾先入為主的觀念，幫助他們發現新的選擇」。www.wired.co.uk/article/how-do-netflixs-algorithms-work-machine-learning-helps-to-predict-what-viewers-will-like

13　medium.com/netflix-techblog/artwork-personalization-c589f074ad76

果您喜歡這部影片，就一定會喜歡那部影片。沒想到，這種簡單的輕推，竟然有四分之三的機率會成功，再加上自動播放下一集和跳過工作人員名單等功能，觀眾自然會不停看下去。

選擇悖論

選擇悖論是貝瑞‧史瓦茲（Barry Schwartz）教授在其2004年的著作《選擇的悖論》（*The Paradox of Choice*）中所發明的術語。史瓦茲認為，在現代的西化社會中，生活中的每個層面（例如公用設施、醫療保健、退休金、美容、工作、愛情、宗教、身份認同）都充滿了眾多選擇，而所謂選擇悖論是：與我們直覺認為的相反，選擇增加並沒有使我們更快樂，也沒辦法讓我們得到最滿意的選擇。

史瓦茲表示：「自主權和選擇自由對我們的身心健康非常重要，而選擇則對於我們的自由和自主權非常重要。然而，雖然現代美國人比過去擁有更多選擇，理論上也擁有更多的自由和自主權，但我們在心理上似乎沒有從中受益。」[14]

舉例而言，史瓦茲在書中引用了哥倫比亞大學希娜‧艾恩嘉（Sheena Iyengar）教授和史丹佛大學馬克‧萊普（Mark Lepper）教授的著名實驗：在舊金山的一間高級超市中，他們先讓客人試吃威金斯父子牌（Wilkin & Son）的果醬，然後再給客人折價券。他們每隔幾小時就換一次試吃果醬的方式，一種是從六個口味中選一個試吃，另一種是從24個口味中挑選。他們利用折價券追蹤購買的數量，結果發現當參與者面對較少（6個）而不是較多（24個）果醬選擇時，他們購買的可能性高出十倍，並且對自己試吃的口味感到更滿意。[15]

史瓦茲引用了赫伯特‧賽門（Herbert A. Simon）[16]的分類方式，將受

---

14 《選擇的悖論》（*The Paradox of Choice*，暫譯），Harper出版，2004。
15 關於該實驗的詳情，請參閱見艾恩嘉的著作《誰在操縱你的選擇》（*The Art of Choosing*），漫遊者文化出版。
16 賽門是得過諾貝爾獎的經濟學家及認知心理學家，因此是公認的行為科學開山始祖。

試者的反應分成追求完美（maximizing）及追求滿意（satisficing）兩種。追求完美者在做決定時會試圖找出最好的選項，也就是完美主義，而追求滿意者只要找到「夠好了」的選項就滿足了。我們每天都必須面臨成千上萬的選擇，因此我們不可能每件事都追求完美。因此，大部分的決定都是根據基本的捷思法去做判斷，也就是透過系統一找出能夠滿足標準的選項。追求滿意是非常務實的做法，但在為重要的事物做決定時，或是在做出糟糕的決定之後，追求滿意的選擇方式可能會使我們感到後悔。

史瓦茲的結論是，在這選擇過多的世界中，我們要學著對「夠好了」感到滿意，才能過著幸福的生活。找出生活中對自己（或工作上）來說最重要的事物，然後把做抉擇的心力放在這些事物上。我們很難（甚至不可能）為其餘事物都找到最好的選擇，而且完美的選擇很可能就根本得不到。在做決定的時候，最好使用客觀標準，而不是主觀標準（例如在挑選旅行的飯店時，最好根據貓途鷹的建議去選擇，而不是根據鄰居的親身經驗，因為後者往往會帶來更高的期待）。另外，沒有比較就沒有傷害。當一個追求滿意的人，不要當一個追求完美的人。可能的話，盡量不要把心力花在不重要的選擇上。

創造讓人想要一買再買的產品：亞馬遜

亞馬遜的推薦引擎也利用了社會認同心理，推薦其他消費者所買過的商品。

亞馬遜推薦引擎的範例

在我和史帝夫‧湯普森帶領的培訓課程中，我們經常會問大家，有多少人曾經根據這些建議買過其他商品。通常會有一或兩個人不情願地舉起手來。接著我們會告訴他們，有些人可能對自己有一些誤解，因為雖然亞馬遜沒有公開過確切數字，但根據傳言，亞馬遜的收入中有25％是靠推薦引擎帶來的。[17]

此外，亞馬遜透過種種功能在認知心力上實現了最佳化，例如免登入購物、一鍵購買、隔日到貨及願望清單等（這些都不是亞馬遜原創的技術），因此這些結合起來，就成為了一個獨特又令人上癮的產品。尖牙公司的發展，就是奠基在這些令人上癮的使用經歷上。如果亞馬遜只賣書，客群就只會有讀書人。而讓客戶可以在亞馬遜買到書架、檯燈和舒服的椅子，不但可以增加來自客戶的收益率，又可以增加亞馬遜的潛在使用者數目。然而，若想要讓一群潛在使用者成為有意義的忠誠客戶，就必須讓購買的經歷在心理上非常輕鬆，甚至成為系統一的習慣，才能讓這些人不斷回頭消費。

要養成這些習慣，就必須先創造出正確的行為暗示、慣性和獎勵。[18]亞馬遜對自己建立購買習慣的能力充滿信心，甚至允許競爭對手在自己的網站上投放廣告。就像Google的「好手氣」按鈕一樣，這種做法能夠提升使用者對其服務的信任度（同時帶來一些額外的廣告收入）。

對於亞馬遜而言，打造一個在生理和心理上都能輕鬆購物的地方，能讓客戶習慣在想要網路購物時，就會第一個想到亞馬遜（「什麼都能賣！」）。這同時也是讓客戶相信貨物會準時且完好送達的基本條件。雖然Google和問問吉夫斯（Ask Jeeves）提供的搜尋結果大同小異，但問問吉夫斯之所以會失敗，是因為使用時必須花費的認知心力比Google還要高得多（在使用問問吉夫斯時，必須將想要搜尋的內容打成一個完整的問句）。同理，無論在數位或真實世界中，我可以從上百個地方買到

17　如本書的第五部分將提到，這些人很可能不記得自己有過這樣的行為，因為他們在消費時已經進入了自動模式。因此我得承認，這種即興的市場調查方法具有嚴重缺陷。我曾經諮詢問一位亞馬遜的高級主管，問他是否可以證實這個25％的數字。他說：「我沒辦法證實，但那個數字真的很驚人。」

18　關於習慣迴路（the habit loop），請參閱第149頁。

和亞馬遜上賣的一樣的影印紙，但我都會先去逛亞馬遜，因為我可以花最少的心力，在幾秒鐘內就找到想買的影印紙，而且亞馬遜早已經記得要把商品寄到哪個地址。

無論是在認知或身體上，在亞馬遜購買商品的體驗都比其他地方更輕鬆，因此成為了市場霸主。而由於亞馬遜以客為尊，不斷提升使用者的消費體驗，因此也贏得了消費者的信任。這種輕鬆購物的科技讓使用者產生的是信任感，而不是猜疑。

這打從一開始，就是亞馬遜執行長傑夫・貝佐斯（Jeff Bezos）的目的。正如他在1999年接受全國廣播公司商業頻道（CNBC）採訪時所說的：「亞馬遜的一大特色，就是從端到端非常注重客戶經驗中的所有細節。」

貝佐斯接著解釋，為何亞馬遜的成長主要是來自這種對客戶需求的執著，而不是網路事業（在當時）有多新穎。「網路、綱絡，叫什麼名字都不重要。長遠來看，為客戶帶來利益，就是為股東帶來利益。」

其中一個著名的例子，就是亞馬遜訂閱制的付費會員服務（會員購物可以免運費）。這個例子同時也證明了使用實際行為資料進行測試的重要性。根據計量經濟學的模型，亞馬遜的付費會員服務應該會無利可圖，而推出第一年的結果也確實如此。這項服務背後的行為科學原理是，人類會對免費獲得的東西給予不合比例的高評價，並且會對提供免費物品的人產生互惠和友好的感覺。丹・艾瑞利將其稱為「免費的力量」。

亞馬遜希望長期下來能夠觀察出這種「免費」服務是否能夠提升客戶的消費總額及忠誠度，並且更能接受亞馬遜將來推出的新產品，例如影音及購衣等服務。

2018年，貝佐斯證實，這種「重視客戶，而不是過分關注競爭對手的做法」已經使付費會員增加到超過一億人。[19] 這些付費會員每年平均在

19　www.businessinsider.com/amazon-jeff-bezos-success-customer-obsession-2018-9

亞馬遜購物 25 次、總花費約 1,300 美元。相較之下，未加入付費會員的客戶每年平均購物 14 次、總花費約 700 美元。有趣的是，資料顯示，付費會員每次造訪網站時所花費的金額和購買的物品，並沒有比一般會員多。但是他們逛亞馬遜的頻率更高，並且越逛越忠誠，因為亞馬遜已經成為他們網路購物時習慣去的第一站。[20]

這證明，亞馬遜的付費會員制度（Amazon Prime）能夠讓消費者養成習慣，也讓產品更具成癮性。

這又是一個尖牙公司如何藉由掌握使用者的心理（而不是技術上的創新）而成功主宰全球市場的例子。他們基於行為科學，創造出認知心力需求最低的使用經驗，因此在心理層面上無人能出其右。這些就是能夠帶來百萬客戶，並使他們成為常客的做法。

他們怎麼得到這些結論的？我們可以從這個方法中學到什麼？這些問題將在下一章分曉。

20　files.constantcontact.com/150f9af2201/1ade4980-7297-467a-86b5-d6a4b93371e4.pdf

Chapter 6

數位科技與成長型思維
精實運用行為科學的方法

我們還可以從尖牙的崛起中學到什麼？他們如何得知促使使用者行動的關鍵原因，然後利用這些資訊來取得市場的主導地位？

與百視達出租店（Blockbuster）等競爭對手相比，Netflix 為何會有轉型成串流服務供應商的遠見[01]，並提供遠超過其他串流服務的體驗？

當 Google 的低認知負荷的介面開始吸引使用者前來，他們如何得知該怎麼呈現搜尋結果，讓使用者不斷回頭使用呢？為什麼臉書能夠發明出「按讚」的按鈕、動態時報和標記其他使用者等創新的功能？同理，為何亞馬遜知道推薦商品和一鍵購買會有效？

最重要的是，為什麼這幾間公司能夠獲得這些洞見，其他公司沒辦法？我們可以從中學到什麼，為自己的事業提供更好的服務及體驗？

行為科學讓我們知道，人類行為通常是不理性的、受到捷思法和偏誤所驅動，並且非常容易受到做決策的情境所影響。因此，人類行為的副作用之一，就是意料之外的狀況經常會發生。根據不同的情境，最有效的偏誤也會不同。

唯有透過實驗，才能確定最有效的方法。這就是為什麼這些公司非常重視成長型思維，鼓勵員工進行測試、學習和實驗。

01　Netflix 成立於 1997 年，最初是提供 DVD 光碟的租售服務，相當於英國的愛電影（LoveFilm）公司，直到 2007 年才開始進軍串流服務。

使用行為資料進行測試

上一章提過，由於賴利・佩吉寫網頁語法的能力有限，因此Google的介面之所以認知負荷較低，完全是出於偶然。但是，網頁排名的演算法也是如此嗎？佩吉等人是否在偶然間發現了能夠最有效呈現搜尋結果的方式？

大衛・查莫斯（David Chalmers）曾經在倫敦和加州山景城的Google分部擔任全球產品經理11年，現為人工智慧顧問暨數位產品經理。他表示：「資訊檢索是賴利的博士論文主題，所以其中包含了很多科學知識。但是我可以保證，Google一定曾經向1％的用戶顯示了不包含「好手氣」按鈕的頁面，藉此進行測試。」

無論是出於偶然，還是在對人類行為更深入了解後才發現的，根據Google的企業文化，接下來都會**透過實驗進行科學驗證**。除了同樣以心理學為基礎，以創新方式提供最佳使用者體驗之外，尖牙公司之間還有一個共同之處，就是都會以證據為基礎，嚴謹地驗證他們的觀察所得。以實際的實驗資料為基礎的試管精神，及創造邊際效益的成長型思維，早已深入這些公司的企業文化。

舉例而言，用於顯示Google工具列的藍色漸層，是在測試過四十多種不同顏色的點擊次數後，才選出了這個點擊次數最多的顏色。據估計，這個最佳化的做法，可為Google帶來超過兩億美元的額外年收入。[02]

如羅里・薩瑟蘭所說：「務必要去測試違反直覺的做法，因為你的競爭對手不會這麼做。」

所有最具創意的公司都有一個共同之處，就是每年會進行大量實驗。光是2016年，直覺軟體公司（Intuit）就進行了一千三百次實驗、寶僑（P&G）七千至一萬次、Google七千次、亞馬遜兩千次，Netflix一千次。這些實驗大多以失敗收場，但依舊為進步帶來了貢獻。然而，成功

---

02 請參閱馬修・席德（Matthew Syed）著，《失敗的力量》（*Black Box Thinking*），商周出版。該數字是由英國Google執行董事丹・柯布利（Dan Cobley）所引述。

的實驗也可能像亞馬遜付費會員制度一樣，產生被納西姆·尼可拉斯·塔雷伯（Nicholas Nassim Taleb）稱為「黑天鵝效應」的結果，不只彌補了其他失敗的實驗，還為公司帶來莫大的收益。

這些企業用來測試理論的，是根據使用者行為所得到的實際資料，而不是直覺或猜測。每個新發明都會針對部分使用者進行測試，在發佈到全球之前確保這些新發明可以正常運作（這種做法也稱為Beta測試）。這麼做可以去除可能的意外結果。

查莫斯說：「在進行AB測試時，還是需要決定A和B分別是什麼。只要是（和矽谷所有的公司一樣）遵循Google企業文化的公司，就會在Beta版的時候發布產品並進行修正。」

這是網路事業的優勢之一：可以獲得大量關於實際行為（而不是聲稱行為）的資料。亞馬遜知道你買過什麼、Netflix知道你看過什麼、臉書知道你和誰是朋友，Google則知道你搜索過什麼。很少企業能夠擁有如此豐富的資源。

這些企業還具有進行大規模測試和實驗的能力，可以同時測試上千種不同版本的網站和應用程式。無論是基於行為科學的假設、直覺，或是在競爭對手的網站上發現的新技術，都可以透過隨機對照試驗進行科學檢驗。

查莫斯表示：「重點是，他們願意實驗。當產品是網站時，就可以進行測試。而且實驗的成本非常低。收集大量資料，然後使用這些資料找出行為模式（這基本上就是機器學習在做的事）。一旦養成這樣的企業文化，這樣的想法就會變得非常自然。當然，現在世界上充滿計算機科學博士，也是一個有利的條件。這有點像是一場完美風暴。矽谷中那些以尖牙為首的公司佔盡了優勢。他們有文化、有財力，還有很多基本上不公平的優勢，而資訊就是他們寶貴的資產。」

假如欠缺這種先天且不公平的優勢，請不要感到絕望，因為龐大的資料庫和博士團隊，並不是讓試管精神成為企業文化的必要條件。更重要

的是鼓勵團隊成員，提升他們測試和學習的意願。本章稍後也會提到一些更實用、成本更低的實驗方式。

臉書如何讓試管精神深植企業文化中？

公司的標語是有意義的嗎？一般人通常會覺得這些標語很偽善。有趣的是，這些尖牙公司的標語中，很多都藏有基於實證的研究精神。

臉書：「快速行動、打破陳規。」

Netflix：「看下一部影片。」

Google：「做正確的事。」[03]

亞馬遜：「努力工作、盡情享受、創造歷史。」

除了亞馬遜的之外，這些標語都暗示了重視創新、測試和基於證據做決定的文化。雖然貝佐斯沒有把這樣的精神放進企業真言中，但這種精神絕對也是亞馬遜能夠成功的重要因素。他曾說過：「亞馬遜的成功，取決於我們每年、每月、每週、每天進行了多少實驗。」[04]

臉書更進一步授權所有員工自由進行測試。馬克・祖克柏（Mark Zuckerberg）在2017年夏天（也就是在劍橋分析公司的醜聞爆發之前）曾在《蘋果橘子經濟學》（Freakonomics）的Podcast節目中接受經濟學家史蒂芬・都伯納（Steven Dubner）訪問時證實，無論屬於全球哪個分部，所有在臉書工作的工程師，都有權限參考臉書的主幹版本（即標準版本）去設計新的版本。

他表示：「本公司的一個基本策略，就是盡可能快速學習。比起『聽好了，這就是如何做出最棒的通訊軟體或動態時報的方式』這類的策略，更重要的是讓公司上下都充滿學習動力，從使用者告訴我們的意見中盡快學習。」

---

03 2014年從「不作惡」改成這句的時候，曾經引起了一番討論。
04 www.fastcompany.com/3063846/why-these-tech-companies-keep-running-thousands-of-failed

那他們又是怎麼做到的呢？

「最好的學習方法，就是親自嘗試並搜集意見。如果臉書只有一個版本，就會限制使用者可以做的事。因此，我們的公司建立了一個框架，允許公司內的所有工程師修改一部分的代碼，為臉書設計新功能，然後交給一些人進行測試。每次測試的人數大約一萬人，這只佔了使用者中的一小群，目的是搜集意見與回饋。對於這樣的嘗試模式，我們只設下一些規則，有些事還是不能放行的。」

這種做法不只可以培養成長型思維、鼓勵員工不斷創新，還可以激發員工的幹勁，種種好處顯而易見。假如我是一位新進員工，卻可以指著螢幕上臉書的一個重要設計說「這是我發明的」，對自信心肯定會有很大的影響。本書的第四部分將提到，無力感或自卑感是職場上對生產力最有害的一個因素，反之亦然。

然而，這種做法也有非常大的風險。這點將在下一章中探討。

現學現用

你可能會認為自己的公司沒有矽谷的先天優勢，因此即使不是不可能，也很難建立起這種試管精神。畢竟，如果沒辦法使用實際行為資料進行大規模隨機對照試驗，又該怎麼應用行為科學的原理，讓員工進行測試、學習和適應？

本書的第一部分提過，對大部分企業而言，其實不需要做到像隨機對照試驗那麼嚴格的程度。我們成功以一種精實的做法，提升了客服中心的效益，而且其中一些方法還是直接來自員工的意見。同理，我的戒菸夥伴App之所以在上架七年後仍非常成功，是因為採取了最簡可行產品的方法。最簡可行產品最初是由科技新創公司所提出的方法，也就是先製作出最基本的產品，然後根據使用者的行為資料進行學習，並陸續添加新的功能和特色。

大衛・查莫斯說過：「最重要的是營造一個持續進步的企業文化。核

心的概念，就是工廠生產線上的任何人都有權力讓生產線停下來。無論是員工或執行長，都同樣肩負改善工作流程的責任。這很重要。數位公司因為比較容易對社會造成影響，所以看似比較有優勢，但其實任何公司都可以培養這種文化。改善流程人人有責的觀念，源自二戰後的日本，比機器學習、人工智慧和矽谷都還要早得多。」

舉例而言，2018年有一間信用卡公司請敝公司檢查其網站，找出有沒有可以進行測試並運用行為科學改善網站的地方。因為該公司發現，在將客戶吸引到網站後，很少人實際上會進一步申請信用卡。

在進行測試之後，我們發現了一些能夠讓使用者在認知方面更輕鬆的地方。其中一個可以改進的地方，就是客戶必須先看完整整三頁（大多不相關）的產品資訊後，才會看到「立即申請」的按鈕。處於荷馬狀態中的使用者，一心只想要快點申請信用卡。對他們來說，這些資訊會消耗非常大量的認知心力（系統二思維）。

我們建議對方進行AB測試，將現有的網站與按鈕更明顯的版本進行比較。所謂的更明顯，就是把按鈕移到網頁最上方的橫幅區域中。結果顯示，光是這麼做，就立刻讓網頁上的申請按鈕的點擊率提高了54%。

這個例子證明，若企業有能力收集有關實際行為的數據並進行測試的話，實在沒有任何理由不這樣做，因為最後的收穫可能會相當大。若沒有仔細考慮驅動無意識行為的原因，只是創造一種產品就希望大家紛杳而至，最後只會引發災難。

據估計，蘋果應用程式商店（App Store）的所有應用程式中，有83%是幾乎沒有使用者在用的「殭屍應用程式」。[05] 佛瑞斯特研究公司（Forrester Research）發現，大部分使用智慧型手機的人平均只會使用五個非原生的應用程式（也就是非內建的應用程式）。[06] 我曾與許多新創公司交談及合作過。他們都曾經創造出他們自認非常創新的產品，卻發現

05　www.cultofmac.com/310736/zombie-apps-taking-app-store/
06　techcrunch.com/2015/06/22/consumers-spend-85-of-time-on-smartphones-in-apps-but-only-5-apps-see-heavy-use/

民眾不知為何都不願意使用這些新產品。假如他們在開始製作產品之前有先進行過測試，就可以省下大量的時間和精力。

我曾經採訪保羅・阿姆斯壯（Paul Armstrong），問他為何許多企業不做這種測試。阿姆斯壯是新創科技顧問公司 Here/Forth 創辦人、科技記者及《低風險變革》（*Disruptive Technologies*）的作者。

阿姆斯壯表示：「我認為很多現代的產品都無法通過人工測試。我發現，很多人直到為時已晚，到了難以挽救的時候，才會開始留意人為因素……在智慧財產權方面，不能太早公開點子，否則別人可能會盜用。在現代，無論是創造或破壞，都是前所未有的高速。我認為大家偶而會忘了應該要嚴格進行人工測試。當產品開發到一定程度時，可能隨便有人說一句：『為什麼把手是橘色的？』就毀了一切。這種恐懼永遠都在……但是跟過去比起來，現在若想要得到別人的意見反饋，有很多免費工具可以做到。就算是需要比免費再多付出一點代價，也還是絕對可以得到所需的工具。因此，之所以會出錯，我覺得必須算是人為疏失……我認為大家可以自我檢視的是，若加入更多人為因素，而不只是把人視為數字，最後是否會創造出截然不同的產品。」

藉由更深入理解驅動人類行為的隱性因素、基於實際結果的資料，以及成長型思維來創造邊際效益，是深植於尖牙公司及其他矽谷新創公司企業文化中的試管精神。他們賦予每位員工進行測試的權力，讓他們為自己的理論建立證據基礎，然後製作出可通過人為測試的產品。

這是任何企業都可以學習的做法。

雖然尖牙公司成功創造出能讓人們養成使用習慣，價值高達數十億美元的產品，但他們對社會帶來的不是只有正面影響。接下來，在開始討論如何在數位及真實世界中影響他人的行為之前，必須先探討重要的道德問題。

Chapter 7

數位科技的黑暗（與光明）面
影響行為的道德爭議

　　數位管道天生就具有能夠搜集關於實際行為的資料，並為每一個人提供量身打造的體驗和訊息的能力。因此，使用數位科技不僅讓學習試管精神變得更容易，也是事業成功的必要條件。但不只是數位世界而已。基於行為資料進行測試、學習和改良，可以在各種商業情境中用來提供更好的體驗。

　　然而，數位科技會牽涉到許多道德問題。撇開影響他人決策這件事有沒有道德不談，為了輕推而收集資料並製作令人上癮的產品和服務，本身就是充滿剝削的行為。

　　博弈公司利用資料，鼓勵賭客在線上賭場花更多錢。中國政府利用搜集來的資料推行社會信用制度，對人民的「良好」行為給予獎勵，並藉由禁止使用某些服務來懲罰「不良」行為。當臉書在2018年被發現使用用戶資料來影響選舉結果時，立刻捲起了公關風暴。

　　因此，負責任的企業必須重視運用數位科技影響行為的議題，否則可能會面臨聲譽受損或更嚴重的後果。以下將依序探討三個務必考慮清楚的問題。

你使用資料的方式合理嗎？合法嗎？

　　臉書因為授權公司裡的所有人進行測試，因此產生了一些問題。從使用者的角度來看，這表示你、我和我們的朋友可能會因為有沒有被拿去

做實驗，而看到不同版本的臉書。這些實驗所搜集來的資料，則會在分析過後套用在所有人使用的臉書版本中。這種做法可以隔離每個情境因素的影響，並確保每個使用者用的都是最容易上癮的版本，進而為臉書帶來利益，因為使用者越上癮，廣告商就越滿意。

能夠做到，不代表應該做到。馬克・祖克柏在與《蘋果橘子經濟學》的訪談中證實，臉書的營運重點是減少繁文縟節，而道德問題似乎不是主要考量。

祖克柏表示：「如果一個事業涉及敏感的個人資訊，當然在營運時會有很多應該要仔細檢查的地方。但是我們的員工會嘗試不同的方法，向使用者推薦更適合的朋友或社群，而這些方法不需要經過公司層層批准。使用者可以試試這些新方法，而我們也同時在嘗試上百種不同的新方法。重點是要減少公司內的官僚制度。假如有一位工程師想對應用程式做一些調整，他可以直接去做，不必先向他的主管取得同意，再去向主管的主管取得同意，最後再取得我的同意才能動手。」

由於這項政策，工程師開始與第三方資料公司合作，並開始整合允許向使用者及其好友搜集資料的應用程式。其中一間，就是劍橋分析公司。劍橋分析公司透過臉書（據說是在未經過使用者真正同意之下）蒐集個人資訊，並根據這些資訊向使用者發布特定訊息，以利用他們內心深處的恐懼和焦慮。據了解，他們有時候會輕推反民主的行為，例如鼓勵人民不去投票。

2018年的醜聞，導致祖克柏不得不在國會上因洩漏個人資料而公開道歉。他對於這次的使用者測試的委託感到懊悔，並表示：「這是我的錯，我感到非常抱歉。創立並營運臉書的人是我，因此我必須為這件事負責。」

願意（而且他們理應這麼做）在數位世界中按照道德標準行事的企業，都非常清楚這種事情的重要性。這種情況是臉書一手造成的，而且下議院的委員會認為馬克・祖克柏對於假新聞和竊取個資的事情「身為領導人或個人，都沒有盡到責任」。這件事破壞了大眾對臉書的信心，

臉書公司市值也蒸發了近 1000 億美元。

大多數企業沒有像劍橋分析公司那樣道德淪喪。事實上，由劍橋大學心理測驗中心（CPC）發起的原始研究，其實對企業具有非常大的潛在利益（這項研究後來被劍橋分析公司複製使用）。

這項研究顯示，根據五大性格特質模型[01]針對個人投放廣告，可以更有效傳達例如廣告等訊息。在臉書為希爾頓酒店所進行的測試活動中，根據單次連結點擊成本（Cost Per Click, CPC），符合個性的廣告所獲得的點擊次數是對照組廣告的兩倍，被分享的頻率則是對照組的三倍。

當 2018 年劍橋分析公司的醜聞如火如荼時，新聞網站 Buzzfeed 的一位編輯接受了英國廣播公司節目《新聞之夜》（Newsnight）的採訪。他懷疑劍橋分析公司所聲稱的目的是否為真。「如果這東西行得通，為什麼亞馬遜不這樣做？」

正如上一章所述，亞馬遜對於使用資料的方式非常保密到家。我們只知道，亞馬遜也有在做類似的分析。另外，亞馬遜擁有關於使用者實際購買的商品的大量資料，因此不需要關於個性或其他內容的代理資料。

在缺乏實際行為資料的情況下，媒體或廣告代理商若想要為客戶帶來最佳結果，就應該使用手邊所有可用的資料和見解。為此，代理商會事先蒐集各種來源的資料以進行最佳化，而個性資料只不過是這個軍火庫中的其中一把武器。

正如傑瑞米・奧格雷迪（Jeremy O' Grady）在英國媒體 The Week 的社論中所說：「劍橋分析公司所犯的罪，是顛覆了理性選民的迷思，以及報紙和政治人物的理性主義論述。這個事件也揭穿了一種更精緻的政治誘惑手法。」

---

01 五大性格特質（OCEAN）模型是一種經過驗證的心理調查方法，可以將性格特質分為五大類：經驗開放性、盡責性、外向性、親和性和情緒不穩定性。研究顯示，這些性格特質只需要相對較少的問題就可以精準測試出來，並且可以藉此了解受試者的行為和動機。舉例而言，經驗開放性能夠強烈反映出一個人的政治和社會的保守程度，而這類資訊對劍橋分析公司來說非常實用。

剑橋分析公司的醜聞，使臉書不只在歐盟範圍內，而是在整體營運上都必須遵守歐盟最新的《一般資料保護規範》（GDPR）。對於其他企業來說，這件醜聞所帶來的教訓是：資料有無數種使用方式，可以用來有效影響人類行為。然而，這些資料必須在使用者知情並同意的前提下獲得，讓使用者自行決定是否要以個人資訊換取這項服務。

假設已經達到此標準，企業就必須再捫心自問一個重要的倫理問題，使用這些資料的目的（而不是方法）是否合乎道德。

這些行為帶來的是正面還是負面的結果？

以我的戒菸夥伴而言，使用者在下載應用程式時，是自願向我們提供自己花了多少錢買菸、每天吸了多少菸等個人資訊。他們不是被迫這麼做，而且所有資訊都是匿名的，但是使用者都清楚意識到價值交換的過程。提供這類資訊可以讓我的戒菸夥伴提供更好、更個人化的體驗，並且讓使用者更有可能實現下載這個應用程式的目的：成功戒菸。假如我們當初為了提供更好的體驗而向使用者搜集個性相關的資料，大多數人應該也會同意。

《鉤癮效應》的作者尼爾·艾歐表示，在打造能夠養成習慣的產品時，製造商必須問自己兩個問題，藉此評估自己是否正在偏離正軌，從造成影響變成操弄人心。首先是「我自己會想要使用這個產品嗎」。接著是「這個產品能夠在實質上幫助使用者改善他們的生活嗎」。

對於我的戒菸夥伴來說，這兩題的答案都是肯定的。

同理，企業必須清楚知道自己為何及如何搜集資料。無論是為了提供更好的體驗或或讓民眾能夠買到所需的產品或服務，企業都必須確保這些資料能夠幫助他人實現目標。

在使用行為科學和行為資料進行操縱時，這個界線會變得更加模糊。無論是數位產品還是香菸，打造出令人上癮的產品，表示代理的作用已不復存在。雖然行為科學已經讓我們發現，人類並不是具有完全自由意

志的理性個體，但是當選項被刻意去除並且讓我們的生活變得更糟時，我們就應該要適時舉起道德上的紅牌。

傑森・史密斯（Jason Smith）是資訊服務與信用評分公司益博睿（Experian）的資料創新團隊負責人，也曾經創辦社群媒體監控公司，並與許多新創公司合作過。他在2018年為英國廣播公司製作了一部廣播紀錄片，講述社群媒體的光明和黑暗面，其中也包括了劍橋分析公司的醜聞。

他說：「每次想到這些模式如何操弄人類行為，就讓人感到不寒而慄。劍橋分析公司的醜聞，實際上是一種濫用資料。我們目前還沒出現，但是一旦出現能夠自我學習和自動執行的模式時，就會完全不可同日而語。我們必須檢視自己的價值結構，以便在運用科技時，做出我們真正想做的事。」

一個可怕的例子，是Google在2016年進行的思想實驗「X計畫」。這項實驗公開假設行為資料「具有意志或目的，而不是單純的歷史資料」並「反映了Google作為一個組織的價值觀」。換句話說，若Google決定解決例如全球暖化等社會問題，或是支持能夠讓他們大幅減稅的政治候選人，這計劃讓Google可以使用資料和自動化流程來實現任何目標。由於Google握有大量可用的資料，因此這種操縱人類的計畫讓人感到十分不安。[02]

在打造令人上癮的產品方面，臉書徹底擊敗了其他尖牙公司。然而臉書這個產品對社會和行為所帶來的，顯然不是完全正面的影響。倫敦大學學院在2019年1月公布了一項社群媒體的研究成果，發現在1.1萬名受試者中，每天在社群媒體上花超過五小時的14歲年輕人，感到憂鬱的可能性是每天不到五小時的人的兩倍，其中女性受到的影響尤其嚴重。在社群媒體上花費的時間長短，也和成為網路騷擾或霸凌受害者的可能性有關，而網路騷擾和霸凌也與憂鬱症及睡眠品質低落有關。[03]

02　如果好奇Google總共握有你的哪些資料，可以從這以下網址下載：takeout.google.com/settings/takeout。小提醒：先幫自己倒一杯烈酒再去看。

03　www.thelancet.com/journals/eclinm/article/PIIS2589-5370(18)30060-9/fulltext

2013年，當我在澳洲的時候，我們都到了一份指示，必須試著利用社群媒體無所不在又令人上癮的特性，為社會帶來正面影響並打擊負面行為。多年以來，澳洲政府一直在展開一項運動，試圖解決青少年之間不尊重彼此的行為，例如網路霸凌或是分享未經允許的照片（例如別人的裸照）。[04] 這項運動稱為「界線」，旨在鼓勵青少年要考慮自己的行為是否恰當（即是否越界）。由於現在的青少年互動大都發生在數位世界，而非真實世界中，因此我們的重點也放在網路上。

那次的運動面臨了許多挑戰。其中一個問題是，若叫青少年該做什麼（尤其是來自政府這樣的權威角色），往往只會造成反效果。這種現象稱為反抗心理（reactance），與下文提到的權威偏誤正好相反。另一個問題是，光是告訴別人該做什麼，效果其實會很有限。如前所述，行為科學已經證實，說話內容和說話方式一樣重要。除此之外，在社群媒體上很難管控訊息。雖然我們會密集監督這次的運動，但青少年可以隨意對該運動進行評論、顛覆或討論。

事實上，就和大部分反社會行為一樣，真正在做這些事的，其實只是少數不尊重他人的青少年。大部分的人都清楚知道界線在哪裡，也知道哪些事不該做，因此我們想要利用這些社會規範。我們打算讓政府與這次運動的距離越遠越好，並且只提供一些提示和工具，讓孩子們自己把界線定義出來。

當時，青少年的對話中充滿了「LOL」、「WTF」之類的縮語。我們也創造了一個縮語「XTL」來表示「越過界線」，讓青少年能有一個符號可以快速標記哪些是網路上不被接受的行為。[05] 接著，我們將它散播到社群媒體的世界中，看起來似乎一切水到渠成。像特洛伊・希文（Troye Sivan）這樣具有影響力的青少年影像部落格作者，會在作品中描述自己曾經遇過的不當行為和互動方式，而紅髮艾德（Ed Sheeran）等名人也

04　深入觀察這件事之後發現，如家庭暴力和性暴力等更嚴重的成人行為，主要受到他們的初戀經歷所影響（通常發生在青少年時期）。若在青少年時期鼓勵良好的行為，就可以在日後的生活中帶來更好的結果。

05　如果我們打算現在（2019年）再次舉辦同樣的活動，最有效的媒介可能會是表情符號。

曾經在網路上回答了關於「這樣算是 XTL 行為嗎？」的問題。[06]

雖然我們無法證實這是否真的減少了青少年之間的不禮貌行為，但至少 XTL 這個詞一度蔚為流行。再次強調，這樣做的好處是，透過 XTL 這個縮語的使用，可以收集有關行為的實際資料，並查看這個詞使用的時機和情境。這還能提醒大家，要注意潛在的不禮貌或辱罵行為，而且若有必要還可以提出檢舉。

這個詞在社群媒體上被使用了 2,100 萬次，其中有 90％ 的青少年在正確的情境中使用了這個詞。該活動贏得了 2014 年的年度全球媒體運動獎（Global Media Campaign of the Year），但最重要的是，青少年使用這個詞進行自我警惕、定義出越界行為，並在不被接受的行為出現時勇於糾正。雖然那個詞沒有流行很久，大概隔年就退流行了，但這證明社群媒體和其他科技一樣，有能力行善也有能力作惡。

因此，企業應該捫心自問：我們想要用（數位或其他）產品或服務去推動的行為，是否對產業和客戶都有利？除非能夠達成雙贏，否則無論最終結果為何，都無法證明手段是否合理。

如果產品會令人上癮，而且會透過機器學習工具自動使用資料，則任何負面影響都會被放大。

權威偏誤

　　想像一下這個情況：一位穿著隨意的陌生人跑進你的房間（也可以是跑到公車或火車上），然後突然大喊：「快滾出去，立刻！」

　　你會怎麼做？你會照做嗎？你會問原因嗎？你的第一個念頭，可能是「他是怎麼進來的」。無論如何，如果你會照做的話，你在起身之前

06　這件事現在的影響比當時還要大，因為當紅髮愛德寫下這篇文章時，他還不是現在這樣如日中天的創作歌手。但他願意響應活動，還是令我非常激賞。此外，我和他同樣出身沙福郡（Suffolk），而且都是伊普斯威奇鎮（Ipswich Town）足球隊的球迷（但他們最近表現很差）。

很可能會先猶豫一下。

現在想像一下同樣的情況，但是那個人現在是身穿制服的警察。你又會怎麼做呢？

你很可能會照他說的去做。這是權威偏誤的一個經典例子。我們很容易被擁有權威的人影響。和許多行為偏誤一樣，這種反應也是其來有自。在緊急情況下，聽從（因為位階、知識或經驗過人的）權威人士的指示，會是比較明智的決定。想要健康過生活，我們通常應該聽從醫生的建議。

這種順從的傾向，通常會在潛意識中作用。實驗發現，如果一個人身穿西裝和領帶，願意跟著他穿越車陣過馬路的人數，會比他身穿便服時高出三倍半。[07] 很多商店現在會擺警察的人形立牌來嚇阻扒手。[08]

我們每天都必須做出無數個決定，而且經常必須接納其他人的建議（這麼做也比較明智），才能避免選擇悖論（請參閱第66頁）。本書的第六部分將提到，品牌通常會利用聯想及捷思法，試圖最大化自己的權威性。例如牙膏廣告中的牙醫總會身穿白袍，宣導如何預防蛀牙。如果是想要宣傳這款牙膏會讓你的牙齒感覺有多棒多舒服，那麼最具權威的代言人就會是一般民眾。

不是只有制服會造成權威偏誤。美國職籃頂尖球星勒布朗‧詹姆斯（LeBron James）和德維恩‧韋德（Dwayne Wade）在球場之外都會戴眼鏡，但兩人的視力都十分正常。他們承認，這是因為他們發現根據捷思法，民眾會覺得戴眼鏡的人比較有學術氣息且比較聰明。他們戴上沒有鏡片的鏡框，為的是提醒大家他們其實也是能言善道的大學畢業生、吸引更多的贊助，並向貧窮的美國黑人青年的潛意識傳達一

---

07 Lefkowitz, M., Blake, R. R., & Mouton, J. S. (1955). Status factors in pedestrian violation of traffic signals. *The Journal of Abnormal and Social Psychology*, 51(3), 704-706。

08 我的朋友兼同事史帝夫‧湯普森跟我說過一個朋友的故事。那個人經營了一間Airbnb的公寓，但很多人會把東西偷走，所以他對此非常苦惱。後來，他把和警察的合照放在公寓裡最顯眼的架子上，偷竊事件就立刻不再發生了。

個無私的訊息：在職業體壇和學術界的成就，兩者具有相同的價值。[09]

這種服從任何權威的本性，並不總是一件好事。史丹利·米爾格蘭（Stanley Milgram）在他1961年的實驗中發現，人類會非常相信身穿白袍的人，甚至願意對不認識和看不見的人進行致命的電擊。[10]他想證明為何看似正常的人（即沒有反社會人格的人）會被說服犯下可怕且不道德的行為。他在研究中，特別將這實驗與大屠殺做出連結。

同理，不經大腦的服從也會對商業決策造成阻礙。股東通常會聽從薪資最高者（HiPPO）的意見。但這些人可能捏造或誇大了自己的資格或能力，因為10%的人會在履歷中造假。[11]至少組織中的其他人，可能在特定問題上擁有更多的專業知識。

我們每天都會讀到關於執行長有多腐敗或無能的例子，也知道盲目服從權威並非總是最明智的行動。

打造出令人上癮的產品或服務，背後的意義是？

馬克·祖克柏說過，他只是創造了一項新技術，讓世界能夠「連接」起來。[12]可是那在2005年並不算特別新穎。Myspace、Friends Reunited和Bebo等社群網站早就做到了。甚至早在2011年，遠在Facebook

---

09　你可能已經發現，我的作者照也有戴眼鏡。雖然知道這是一種捷思法，但我確實也需要戴眼鏡才能看東西，而且因為複雜的醫學原因而不能戴隱形眼鏡。因為我從小就有近視，所以當我知道有些人會因為好看而戴眼鏡時，其實會有點生氣，但我想我應該是少數會為這種事生氣的人（基於前述原因，我可以原諒詹姆斯和韋德）。

10　在著名的米爾格蘭實驗中，身穿白袍的實驗人員會命令受試者（老師），只要隔壁房間的測試對象（學生）回答錯誤，就施加越來越強的電擊。如果測試對象提出抗議，實驗人員就會口頭上請受試者放心，並命令他們繼續施加電擊。那些學生其實都是演員，沒有真的受到電擊，但老師會聽到學生們（裝出來的）叫聲和抗議聲。然而，第一組實驗發現，65%的老師會一路把電擊調到450伏特的最大強度。這個實驗無論在道德（這實驗最近被禁止完全複製）或效度方面都非常具有爭議，但依舊是目前最常被引用，也是著名的社會心理學實驗之一。

11　yougov.co.uk/topics/politics/articles-reports/2017/06/20/what-are-most-common-lies-people-tell-their-cvs。要注意的是，有10%的人承認自己會在履歷表上說謊，而且實際說謊的人數可能比這個數字更高。

12　臉書的官方標語及使命是「讓你和親朋好友保持聯繫」。

Messenger 推出之前，就已經可以透過通訊軟體Instant Messenger向朋友發送即時訊息了。

臉書比其他企業更厲害的地方，是創造了一種更具吸引力的產品。這項產品利用行為科學的原理，創造出人們賴以維生的東西。企業在開始發現這種效果後，紛紛將此作為他們的業務策略。

在2017年由Axios新聞網站舉辦的活動中，臉書的共同創辦人西恩·帕克（Sean Parker）[13] 曾表示：「那是在利用人類心理上的弱點。當初發明的人明知這一點，但我們還是這麼做了。」

為什麼會這樣？要讓使用者在應用程式上花越多時間越好，「開始成為這些公司在撰寫應用程式的目標，而臉書是其中之一…他們的目標是『如何盡可能消耗使用者的時間和注意力？』。」[14]

在英國廣播公司的節目《廣角鏡》（Panorama）於2018年7月播出的一部關於智慧型手機成癮症的紀錄片中，希拉蕊·安德森（Hilary Andersson）與多位前任主管談論了他們仍在職的時光，以及對於創造這類具有成癮性產品的擔憂。曾經擔任臉書產品經理的桑迪·帕拉吉拉斯解釋道：「他們的目標是讓你上癮，然後出售你的使用時間。」無限滑動功能[15]的發明者阿薩·拉斯金（Aza Raskin）非常在意臉書令人上癮的能力，甚至為此成立了人文科技中心（Center for Humane Technology）。他說：「我們沒有意識到，臉書居然變得如此令人上癮。那是我們所見過最大規模的行為實驗，彷彿把行為的古柯鹼撒在整個介面上。」

臉書上的所有內容，從狀態欄的「你在想什麼，理查？」到動態時報中的內容，都是經過精心設計，藉此產生令人上癮的體驗，讓使用者不斷回來查看、按下藍色拇指的按鈕、不去其他網站，進而成為對臉書的

13 　或許比較多人聽過他是創辦音樂共享網站Napster的億萬富翁，而在電影《社群網戰》（The Social Network）中是由賈斯汀·提姆布萊克（Justin Timberlake）所飾演。

14 　www.axios.com/sean-parker-unloads-on-facebook-god-only-knows-what-its-doing-to-our-childrens-brains-1513306792-f855e7b4-4e99-a0d6-8d51-2775559c2671.html

15 　這個功能是當使用者滑到螢幕底部時，就會無止盡地載入更多內容。現在很多社群網站都抄襲了這功能。他用一碗永遠喝不完的湯做比喻（碗底會偷偷把湯裝滿）。一些行為實驗已經證實，在這種情況下，大家吃的量會比平常多很多，因為沒有回饋機制讓他們知道自己已經吃完了。

獲利模式來說更有貢獻的使用者。

這件事重要到臉書在2017年改寫演算法，讓使用者開始在動態時報上看到更多令人上癮的內容（即來自朋友的動態），更少來自廣告商的那些沒人想看或不請自來的內容。就像Google堅持保留「好手氣」的按鈕一樣，為了保持長期的使用率和獲利能力，就必須犧牲短期的廣告收入。

《推出你的影響力》的共同作者凱斯・桑思坦曾經進行一項實驗，調查臉書上超過十億活躍使用者的上癮程度。[16] 他詢問臉書使用者，若是目前免費的臉書服務即將收費，他們願意為了繼續使用而付多少錢。平均的答案是每個月約一美元。

這數字或許比想像中少，但可以反映出人們認為臉書對身心健康來說是個福禍參半的存在。與另一個問題相比，這個數字顯得更有意義。當被問到願意收多少錢而不再使用臉書時，人們的答案是：平均每個月59美元。

就像真正的癮君子一樣，我們也知道自己的習慣可能對身心有害，但我們絕不允許任何人把它從我們的手中奪走。

若想要了解行為科學對於數位產業的價值，答案就在這裡。只要創造出人們想要的產品，就有可能賺進幾百萬美元。但是，若能夠創造出人們不可或缺的產品，收入就會再翻59倍。

把這個事實與我們在本書的這部分中所學到的知識結合，就可以看出這個現象的含義。根據行為資料製作數位產品和服務，可以促進正面的行為。但是正如哈佛商學院的索莎娜・祖波夫（Shoshana Zuboff）教授所說，這麼做可能會有迎來「監控資本主義時代」的風險。

在下一部分中，我們將看到許多企業正在一窩蜂開始使用機器學習和

16　papers.ssrn.com/sol3/papers.cfm?abstract_id=3173687。桑思坦用了超級稟賦效應（super-endowment effect）來解釋這個現象：某個人的東西被奪走時，可能會感到忿恨不平並表達抗議。

人工智慧進行自動化。這代表世界正在以更快的速度和更大的規模邁向自動化。

如果你想要發大財，想知道一群來自矽谷的怪胎如何成為世界上最富有的人，就必須從心理學的教科書中學習知識，而不是計算機科學的教科書。[17]

然而，如果忽略了數位世界中的道德問題，雖然還是會日進斗金，但可能會有牢獄之災。

17　畢竟，祖克柏、佩吉和布林都沒有完成大學的計算機科學學業。

Chapter 8

數位時代中的行為科學
你該怎麼做？

　　在本書的第二部分，我們知道行為科學已經透過以下方式，為21世紀數位科技公司龍頭（尖牙）帶來成長：

- 基於實證了解消費者的心理，以創造出比競爭對手更實用、更令人難忘、在認知上更不費力，也因此更具吸引力的產品和體驗；

- 運用資料製作個人化的產品，以及利用社會認同的心理；

- 在組織中培養成長型思維的文化，鼓勵所有人根據實際行為資料進行測試與實驗，然後循證做出決策（也就是試管精神）。

　　有很多方法可以透過數位科技有效運用行為科學，藉此讓事業成長：

- 製作認知負擔小且容易使用的數位產品及服務；

- 使用實際行為資料測試假說，據此製作個人化產品及服務，並運用輕推增加使用次數；

- 確保公司內的所有人都具有試管精神。

　　然而，這種方法伴隨著一些重要的道德問題。企業必須滿足三個關鍵條件，才能避免造成無法彌補的損失：

- 你使用資料的方式合理且合法嗎（即必須事先取得明確的同意，並公

開這些資料的使用方法及範圍）？

- 你想要促進的行為是正面的嗎？捫心自問：你自己會使用這個產品或服務嗎？這會改善使用者的生活嗎？

- 製作令人上癮的產品，會帶來哪些影響？會為社會帶來淨正面效益（net positive impact）嗎？

Part 3

行為科學如何幫助我們理解
人工智慧、機器人，以及人類

演算法和人類之間的差別在於，
如果將相同的資料輸入到演算法中兩次，
最後會得到相同的答案，
但人類並非如此。

Chapter 9

人類與機械

行為科學如何為人類（和機器人）創造更好的產品和服務

猴子、小黃瓜與葡萄

在培訓客服人員時，我經常會播放一段 YouTube 上的影片，這段影片是荷蘭演化生物學家法蘭斯・德瓦爾（Frans De Waal）教授的 TED 演講。[01] 德瓦爾和他的同事運用動物做了很多精彩的實驗，藉此從演化的角度去了解人類普遍具有的一些系統一偏誤。

影片中有兩個相鄰的透明籠子，裡面各有一隻捲尾猴。這兩隻猴子屬於同一個社會團體。[02] 德瓦爾解釋，這些猴子非常喜歡吃葡萄，因為葡萄很甜，又多汁又美味。雖然牠們也會吃黃瓜，但喜歡的程度遠比不上葡萄。科學家頭上戴著一種能保護臉部的防暴面具（你很快就會知道原因），從籠子上的一個洞餵牠們吃黃瓜。

猴子只要完成一個簡單的任務，就是把一塊小石頭拿給科學家，就會獲得小黃瓜作為獎勵。連續十次下來，猴子們都吃得很滿意。接著，科學家做了一個改變：右邊的猴子在完成同樣的任務後，得到了葡萄。左邊的猴子看到了這個變化，但是當她把石頭交給科學家的時候，牠卻只拿到小黃瓜，而不是跟另一隻猴子一樣拿到葡萄。

01　我第一次看到這支影片，是在 2014 年羅里・薩特蘭在雪梨的一場演講中。這支短片已經被點閱超過 1400 萬次。這支影片受歡迎的原因，當然不只是因為跟行為科學有關。不知為何，看猴子使壞本身就非常有趣。

02　牠們不住在這些籠子裡。實驗結束後，牠們就會回到寬敞的園區。

猴子立刻做出了有趣的反應。猴子把手伸出籠子的間隙，然後在盛怒之下把小黃瓜片往科學家身上丟過去（所以才要戴上面罩）。在看到右邊的猴子第二次得到葡萄之後，左邊的猴子先把石頭靠在牆壁上，看看科學家是不是在惡整牠。當牠又再次受到差別待遇，只得到小黃瓜作為獎勵時，牠又把小黃瓜朝科學家扔了過去，然後在盛怒之下不斷搖動籠子的柵欄，活像一隻毛茸茸的綠巨人浩克（Hulk）。[03]

　　我常在訓練學員時播放這支影片，但不是為了放鬆氣氛，而因為這支影片說明了行為偏誤（在這個例子中，是天生對於公平與平等待遇的渴望）是經由進化而來。捲尾猴是在演化上最接近人類的動物，但是德瓦爾說，這個實驗在貓、狗和鳥身上也出現了同樣的結果。[04]這解釋了為什麼偏誤如此普遍且強烈，因為這個機制已經存在我們體內數千年了。在訓練過程中，常會有學員說那些猴子的行為，和那些打電話向他們抱怨的客人簡直一模一樣。當人類覺得自己受到不公平的待遇時，他們會感受到強烈的情緒，然後找地方發洩這股情緒。

　　由於人類是社會性動物，對他人具有同理心，因此我們天生就能夠理解並意識到這種反應。

是非理性的人類行為，還是「程式錯誤」？

　　在客服中心內，老練的客服代表只需要聽幾秒鐘（或更短），就可以預測到這通電話接下來的走向。他們能夠接收到客戶語氣中的巧妙暗示，聽出對方是不是因為受到不公平待遇而打來出氣，並根據情況調整自己的語氣和回應。為了提供優質服務，他們會使用名為「鏡像反映」的心理技巧，隨著客戶的情緒調整成相似的語氣和用字，並回以充滿同情心的答覆。

　　在本書第一部分提過的，與英國一間大型儲蓄銀行客服中心的合作案

03　據我了解，他們會在事後給猴子一大堆葡萄，藉此平復牠們的情緒。
04　我經常告訴別人，如果家裡有不只一隻寵物，而且其中一隻特別受到偏愛的話，一定要想起這個實驗。如果小黃一直看到主人餵小黑吃比較好（或比較多）的食物，小黃遲早會氣到咬人。

例中，來電客戶和客服人員的典型年齡相差非常大。我聽過最老的來電客戶是 97 歲，而客服中心的一些員工則是剛輟學的學生，年齡大約相差 80 歲！有些客戶的要求很複雜，需要通過嚴格的安全流程，因此對於話筒兩邊的人來說都是一場耐心的考驗。

如前所述，我們透過修改腳本，在一定程度上成功解決了這些問題。新的用字遣詞能讓客戶感到安心、意識到自己情緒化的系統一行為，並冷靜解釋自己的需求。但若想要做到這點，顯然除了語言之外，還需要一些更本能、更「柔軟」的技能。我遇過最屬害的一位客服代表，是一位年輕的工讀生。她的耐心沒有底線、回應切中核心，而且非常能夠應付年紀較大的難搞客戶。

我曾經問過她，在遇到說話冗長又難搞的客戶時，她到底如何保持鎮定並持續提供優質服務。

她說：「我都想像我是在跟自己的奶奶說話。」

這個例子說明了人與人之間的互動，以及人與機器人之間的互動有何差異，也反映出企業在努力為客戶（人類）創造更好的體驗時，經常低估了心理和行為因素的重要性。在這個例子中，那位客服代表之所以這麼優秀，是因為她對客戶充滿同理心，而她使用的方法（想像自己正在與年邁的親戚交談）是其他人可以模仿的。

然而，若是數位機器助理（聊天機器人）在面對客戶投訴時，用制式化的開心語氣說出「今天過得如何啊？」就會顯得很沒有同理心，反而只會加深客戶的怒氣。在知名電視劇《大英國小人物》（*Little Britain*）中，「電腦說不行」這句經典台詞引起了很多人的共鳴，因為我們都曾經遇過根本不了解使用者的產品、服務或系統。這些產品或服務會導致非常糟糕的體驗，甚至可能會因此失去一個客戶（如果他們在社群媒體上告訴親朋好友，就會不只失去一個客戶）。

對於這些系統（及其工程師）來說，這種情緒上的非理性反應，通常只會被視為程式錯誤。然而，那些反應正是人類之所以為人類的原因，

是演化了數千年的產物，也是我們與新古典經濟學思維中像史巴克一樣毫無情緒的虛構人物的不同之處。

人工智慧淘金熱

雖然真實生活中很常上演「電腦說不行」的情節，但許多企業仍然急於引入自動化流程。我在2018年和2019年參加了在倫敦舉辦的CogX大會，這是由CognitionX公司主辦的大型「人工智慧與新興科技的盛會」。來自世界各地的講者和代表齊聚一堂，認識各種最新穎的應用程式。在2019年的活動中，共有1.5萬人與會，講者多達500人。我在2017年6月到柏林參加了一個以聊天機器人為主的高峰會，當時約有1,500名代表和超過50間廠商參展。

弱人工智慧（運用機器學習，以高速度和大規模應用簡單的規則和事實）可以顯著提升工作效率。製造業在使用機器人之後有如脫胎換骨，因為機器人能以比人類更快速、更準確及更可靠的方式，重複進行簡單的製作流程。在零售業中，亞馬遜的流程幾乎已經完全自動化。在消費者下訂單和收到貨之間唯一需要人力的地方，就是在倉庫中駕駛堆高機的員工，但亞馬遜已經在研究如何以無人機和其他科技，在不久後的將來取代這些職位。

曾在CognitionX公司擔任技術長，負責研究人工智慧的朱利安・哈里斯（Julian Harris）和我分享了一個關於客戶服務部門的故事。有一個只有12人的客服中心團隊，現在已經能夠處理和300人的團隊相同的來電量，而其中的祕密就是：用聊天機器人取代了人類專員。他們在開始使用一個具備有限的同理心，並且可以對情緒線索產生回應的虛擬化身之後，客戶滿意度提升了10％。

根據我的個人經驗，客戶服務產業現在正在掀起一場軍備競賽，其中聊天科技正在取代電話客服中心。若每天要處理數千個客戶的來電，就算用低薪雇用客服中心的數百名員工，也還是比不上設置在主機櫃裡的電腦來得省錢。此外，這個現象也反映出消費者的消費習慣正逐漸從線

下轉移到線上的趨勢 。然而，當企業為了節省成本而急於採用這些新科技時，卻忘了事先考慮到這些科技對自己產業的品牌認知及獲利能力所帶來的長期影響。如前所述，在未事先考慮人類行為和相關問題的情況下貿然數位化，可能會導致只注重效率而忽略了效用的解決方式。

那只會是一個相當於問問吉夫斯的產品，而不是 Google。

光是用機器人取代人類，而不考慮相關的人類行為問題，無論對客戶和員工來說都是一種缺乏效力的做法。由於客戶服務必須滿足人類客戶的需求，而且通常是情感上的需求，因此這些挑戰尤其嚴峻。

儘管如此，客戶服務仍然比大部分產業還要更快受到自動化所帶來的衝擊。根據研究機構顧能集團（Gartner）估計，到了2022年，72％的客戶互動將會使用新興技術，例如應用機器學習（ML）、聊天機器人或手機訊息。這個數字遠高於2017年的11％。到了2021年，預計有15％的客戶服務將完全交由人工智慧處理，是2017年的四倍。電話聯絡將從整體客戶服務的41％下降到12％。[05]

在 CogX 大會上，大部分的講者和代表都是來自客戶服務領域。客戶服務這個產業正好位於自動化的一級戰區，因此首當其衝面臨自動化所帶來的各種機會和挑戰。

雖然客戶服務正透過數位轉型日益邁向自動化，客戶體驗（客戶服務最重要的目的）卻沒有因此大幅改進，真是事與願違。我們都有過這樣的經驗：因為無法查到正確的資訊，或是不知道問題出在哪裡，所以不得不和其他人類交談來解決問題。前面朱利安・哈里斯所舉的例子（將有限的同理心整合到系統中）是個特例，不是常規。

根據顧能集團的同一項研究，到了2021年，客服互動中仍有44％還是需要仰賴人類客服代表。此外，在2018年問世的機器人及虛擬助理應用程式，到了2020年有40％將會作廢。

05　'Gartner: Why humans will still be at the core of great CX'，www.cmo.com.au, June 2018。

各領域的產業都一樣，在未考慮人類行為的情況下就急於自動化，是邁向自我毀滅的捷徑。必須先了解人類與機器的差異，才能讓產業受益於兩者。

人類與演算法

當整合人工智慧的無人駕駛車在街道上行駛時，會根據如何安全抵達目的地進行預測，並在每秒鐘做出數千個決定。在變換車道之前，人工智慧將根據各種資料（其他車輛的位置、天氣狀況等），並結合資料庫中基於過去類似決策結果所建立的演算法（規則），去計算發生事故的機率。

表面來看，這似乎與人類在駕駛時的決策方式相似。我們會評估行動的風險，然後根據經驗預測結果。但是，由於我們沒有和電腦相似的資料處理能力和容易出錯的記憶體，因此我們經常透過簡單的經驗法則（捷思法和偏誤）去做決定。這種做法常常導致人類做出不合理、無法預期和並非最佳的舉動。

2016年，我曾在紐約的一場會議中看到丹尼爾・康納曼正在接受採訪。有人問他，在這日益將決策交由演算法負責的世界中，行為經濟學將扮演什麼樣的角色。他的回答一如往常，既精簡又出色。

他說：「演算法和人類之間的差別在於，如果將相同的資料輸入到演算法中兩次，最後會得到相同的答案，但人類並非如此。」

換句話說，演算法（及賴以為生的機器學習和人工智慧）只能做出合理的系統二決策，因為這種決策具有符合規則且可預期的性質。演算法只是一種規則，但人類經常在打破規則。演算法難以理解人類的某些不規律和不合理的行為，而這種行為正是人類與機器的差別。

因此，最近幾年發生了一些由人工智慧引起的公關災難。微軟公司（Microsoft）推出了名叫泰伊（Tay）的人工智慧聊天機器人之後，任何人都可以在網路上與泰伊聊天（進而對其進行訓練）。結果在24小時

內，泰伊就成為了一個納粹主義者，開始說出令人毛骨悚然的種族歧視言論，因此微軟不得不將其關閉。Uber 的自動駕駛汽車曾經發生過好幾起事故，而且這些事故很多都是因為非理性和不可預期的人類行為所造成的（例如在鳳凰城發生的死亡事故，是因為有行人走到車子前面而造成的）。

當亞馬遜建立了一個用於處理求職履歷的人工智慧時，他們很快發現它會歧視女性求職者，因此不得不將其關閉。機器學習的演算法根據過去資料發現，男性過去的錄取率比較高（因為人類的性別歧視），因此會優先考慮男性求職者。演算法不但沒有去除人類的偏誤，反而還把它放大了。

除非有人能夠設計出全新的演算法，否則這種基於人類決策資料所建立的演算法，到頭來只會複製並放大人類的偏誤。

以科技術語來說，就是「垃圾進，垃圾出」。

人工智慧的極限：信任的問題

這些用機器取代人類的負面結果，以及其所帶來的倫理問題和社會衝擊（這點將在本書的第四部分進行探討），意味著若將人與人的互動改為人與機器的互動，會在心理上造成影響，進而限制了這些科技運用在事業上的效果。

我們可以假設，這是因為客戶天生偏好與人類說話，而不是像機器人等其他替代品。畢竟，人類是社交動物。也許對機器說話的感覺，就是比不上對其他人說話的感覺。

事實證明，唯有當機器人能夠順利解決我們的問題時，我們才會樂於和機器人打交道。知名聊天平台供應商 LivePerson 的研究發現，英國有三分之一的人希望聊天機器人可以擁有自己的名字和個性，但約有一半的人根本不在乎這種事，只要機器人能夠解決他們的問題就好了（在美國的比例則為 57%）。我們覺得企業採用機器人的主要原因其實非常務

實，44%的英國人認為，公司使用機器人的唯一原因，就是為了省錢。[06]

我們很樂意讓機器人為我們服務，因為我們更在意的是能不能（透過這些企業提供的服務）快速且有效解決問題。因此，將人工智慧和自動化整合到業務中的困難之處，是一種行為上的問題，而不是純粹的經濟問題。

根本的原因在於，由於自動化的過程必須嚴格遵守快速但死板的演算法規則，因此只會根據邏輯做出以系統二為基礎的決定。那些促使人類做出不理性、情緒化、出於系統一行為的因素，對於人類行為有著深遠的影響，但這些因素在以演算法為基礎的機器人眼中，就只是單純的程式錯誤而已。

這種信任與不信任是雙向的。當Uber的自動駕駛汽車撞死鳳凰城的那位可憐女子時，新聞報導的焦點都集中在這件事將如何為自動駕駛汽車帶來挫敗、科技還要發展多少年才能讓自動駕駛汽車普及，以及自動駕駛汽車到底還要行駛多少英里才會被視為是安全的。

這類報導會提升「自動駕駛汽車會發生死亡車禍」的心智顯著性[07]，並因此降低普羅大眾對於自動駕駛汽車的信心。美國汽車協會（AAA）在2017年於美國進行的一項調查發現，75%的汽車駕駛會害怕乘坐自動駕駛汽車。[08]

Waymo的前身是Google的一項自動駕駛計畫，後來成為Alphabet公司旗下的子公司。2018年7月，Waymo宣布他們已經讓自動駕駛汽車在公共道路上行駛了超過800萬英里，平均每天行駛2.5萬英里，而且沒有造成任何傷亡。整體而言，在過去五年中，自動駕駛汽車造成的死亡人數只有四人。

06　LivePerson, 'How consumers view bots in customer care', 2017。相較之下，有55% 的人認為這是為了提供更快或更好的服務。如前面章節提過的儲蓄銀行客服中心的例子，通常處理的速度越快，客戶的體驗就越好，因為我們每個人都在趕時間。在上述例子中，當我們減少了每通電話的平均處理時間，客戶滿意度不降反升。

07　請參閱第24頁。

08　newsroom.aaa.com/2017/03/americans-feel-unsafe-sharing-road-fully-self-driving-cars/

在2016年，美國人平均每行駛一億英里就會造成1.18人死亡，而當年總共超過37,000人死於車禍。[09]

因此我們可以大膽預測，死於自動駕駛汽車的可能性遠遠低於親自開車。然而，除非這些技術達到100％安全，否則在普及過程中，永遠會受到民眾不合理的心理抗拒所妨礙。

伊恩‧普里查德（Eaon Pritchard）是我的好友，本書的第六部分會再更深入介紹這個人。他引用了資料科學家愛德華‧戴明（W. Edwards Deming）的名言「少了資料，你就只是又一個有意見的人」，然後改寫成：「如果沒有一致的人類行為範本，你就只是又一個有資料的人工智慧。」[10]

如康納曼所說，若把相同的資料一次又一次輸入到演算法中，就只會反覆出現相同的結果。但人類不是這樣運作的。

下一章將探討這種差異不只決定了企業何時可以採用自動化和人工智慧，在某些情況下還可以讓機器人發揮顯著優勢。

09　www.nhtsa.gov/press-releases/usdot-releases-2016-fatal-traffic-crash-data
10　摘自普里查德的絕佳著作《到底哪裡出錯了》（*Where Did It All Go Wrong?*，暫譯）。

Chapter 10

預測行為並消除雜訊

行為科學與自動化

預測機器

上一章提到了亞馬遜付費會員服務的例子，其中計量經濟學模型對這項服務的長期成功做出了錯誤的預測。行為科學的一個關鍵好處，就是可以讓企業更準確預測人類的行為。這是因為人類行為常常與邏輯上預期的結果，或是傳統經濟模型顯示的結果背道而馳，因為人類情緒化、不理性又經常做出違反直覺的舉動。

我們不是理性的決策機器。人類就像荷馬一樣來自地球，機器人則像史巴克一樣來自瓦肯星（Vulcan）。

澳洲教授約書亞・格恩斯（Joshua Gans）[01] 表示：「預測很重要，因為預測可以為決策提供意見，幫助我們做出更好的決定。」

企業想要在設計流程、系統和溝通時做出更好的決策，就需要更多資料。關於過去行為的資料數量越多且相關性越高，這些預測就會越準確。

像 Netflix 和亞馬遜這樣的企業，會使用機器學習和人工智慧等工具，處理擁有的數十億個資料點、建立預測演算法（規則）以協助做出更好的決策、藉此檢驗他們的假設，並使某些簡單的流程自動化。格恩斯之

01　格恩斯是多倫多大學羅特曼管理學院科技創新及創業學程主任，也是《AI 經濟的策略思維》（*Prediction Machines*）作者之一。

所以將其稱為「預測機器」，是因為這些演算法可以對決策結果進行預測，並基於行為資料中的可定義趨勢進行改良。這就是 Netflix 擁有數億種個人化產品，而不只是一種產品的原因。

但是，如前所述，資料本身是不夠的。如果沒有分析這些資料、提出新假設及進行測試的能力，企業就無法建立攸關成敗的試管精神。如果沒有根據行為科學精準掌握人類行為，就只能夠提出合理、可預測且和競爭對手相同的假設。舉例而言，如果不了解「免費的力量」，就永遠不會提出亞馬遜付費會員服務這樣的建議。

企業若希望讓流程自動化（無論是在網站上使用簡單的搜尋演算法或是建立生產機器人），都必須同時了解科技和人類行為。舉例而言，Google 的網頁排名演算法之所以成功，是因為展示搜索結果的方式讓使用者在認知上更輕鬆。賴利・佩吉知道人們希望如何呈現訊息（因為這是他的博士論文），因此根據此原理進行設計。

他建立的預測機器是以行為為基礎，而不是技術，並透過實驗以資料對預測機器進行改良。

透過行為科學，做出更準確的預測

有一次，我在會議中提出人工智慧的一些侷限，以及為什麼在為企業設計科技解決方案之前，應該要先更理解人類。當時有人提問：如果想要建立更適應人類非理性行為的服務和流程，難道不是只要餵更好的資料給人工智慧就好了嗎？基本上，我們需要的，不就只是更厲害的預測機器而已嗎？

根據客戶體驗的案例，人類科技想要解決那些問題，還有很長的路要走，甚至永遠不可能做到。客服中心的人員幾乎可以立刻準確知道這通電話打來的目的，並據此做出反應。直到科學家破解圖靈測試[02] 之前，由

02　圖靈測試是艾倫・圖靈（Alan Turing）在 1950 年發明的測試方法，用來測試機器能否展現出與人類同等的智力。當一個人無法分辨自己是在對機器還是人類講話時，就算通過。雖然圖靈測試具有爭議，但仍是人工智慧領域的一個重要概念，並且至今仍未被破解。圖靈將這項測試稱

人工智慧驅動的聊天機器人都不可能做到這點。

目前為止，雖然人工智慧和科技已經取得了難以置信的進步，但客戶服務中的聊天機器人技術仍僅限於使用弱人工智慧滿足客戶簡單的需求（例如修改地址）。2017年，我和一間手機領導公司討論了如何從行為上改良其客服聊天機器人。當時，聊天機器人只能處理20%的客戶需求，客戶也只有一個簡化的問題目錄可以選擇。但是對於這類簡單的要求，客戶通常會放心交給機器人處理，因為客戶想要的就只是透過這些公司獲得簡單、快速而有效的服務。

我問他們如何為這類情況撰寫腳本，他們的回答是：「我們會請最優秀的客服代表把她說的話寫下來，然後直接拿去用。」可想而知，這種做法完全忽略了人與人之間，以及人與機器人之間互動的差異。

企業隨著時間不斷成長，想要運用人工智慧是非常合理的念頭，因為企業會變得越來越複雜，而且資料也會越來越多。朱利安·哈里斯認為：「整體而言，從使用者那裡收集來的資料，會對每個人使用系統的經驗產生重大影響。」然而，在面對更複雜的需求時，根據說話對象是人類還是機器人，我們天生的偏誤會導致我們出現不同的反應，因此讓機器人複製說出人類說的話，根本不會是個有效的做法。

顧能集團副總裁麥可·貿茲（Michael Maoz）表示：「我無法使用人工智慧解決更複雜的問題，因為那會牽涉到批判性思考或符號分析。那是需要與其他人討論的問題，因為那些問題沒有正確或錯誤解答。」

「如果我想嘗試跟客戶建立關係，而且我沒有足夠的數據資料，人類可以伸出手來建立關係。我可以讓人工智慧自己運作，但建立關係是很重要的，我寧可引進一個人類來促進事業成長。」[03]

哈里斯說：「必須解決的難題，是避免對情緒產生不切實際的期望。

為「模仿遊戲」，而這四個字也成為了2014年由班奈狄克·康柏拜區（Benedict Cumberbatch）主演的傳記電影的標題。

03　資料來源：顧能集團（2018）。

人工智慧的發展在世界各地出現停滯的原因之一，是因為大家都以為人工智慧可以處理大部分問題，但事實證明，人工智慧只能在一些特定的條件下起作用，因此人們基本上已經失去興趣並決定放棄。」

當我問哈里斯這個問題時，他說大部分企業都在嘗試透過偵測表情的臉部辨識技術，或是偵測語調的語音辨識技術與人類的情緒反應連結，藉此解決這個問題。這項技術還不夠複雜和精準。CognitionX曾經發現，有一次當客服人員說話的語氣和內容明明就很平靜而正常，有一項產品卻顯示他有95％的機率正在生氣。同樣，目前也沒有任何一種全世界通用的表情或語氣可以表示憤怒。憤怒的情緒會牽涉到許多因素，因此是一個非常棘手的問題。

他補充道：「辨識產業就在那兒，人們只要插上電，然後就可以得到一個訊號，但我根本不能信任那個訊號，除非我透過特定案例去驗證它。當辨識結果如此不穩定時，比起情緒辨識技術的發展，我更擔心有人會用這項科技作為例如給予假釋與否的決定基礎。」

許多簡單的事務性場景都已經靠新科技而提供更好的產品或服務，例如衛星導航系統。還有像是亞馬遜Alexa和Google助理等聲控科技，可讓你在手忙腳亂的時候搜尋資訊。你可以透過聊天機器人向公用事業提出改地址之類的簡單要求，或透過手機買電影票。

這些都不是複雜的行為，所需的技術也只是弱人工智慧，不太涉及學習和對人類行為的見解。對於較困難的行為問題（例如客戶投訴，或是安排強調輕鬆而不是趕行程的旅遊規劃），就需要用到更好的訓練資料，例如相關的對話內容。換句話說，這些資料反映了人類行為中的情緒和非理性驅力。

在得到這樣的訓練資料之前，就只能透過人類的同理心、創意和情緒智能來解決這些問題。

去除「雜訊」

如果企業能夠根據對非意識行為驅力的洞察，設計出更好的解決方案，並且意識到情境的重要性，那麼人工智慧就更有機會能夠活躍表現，因為在大部分情況下，人類終究只是想要讓生活變得輕鬆，而行為科學提供的訓練資料不但最精準，對於認知心力的負擔也較低（這點會在本書中不斷強調）。

康納曼認為，對刺激的反應不一致，是人類與演算法的相異之處。如下文所述，對於講求一致及效率，而且簡單又基於規則的業務問題方面，機器人比人類還具有優勢。

正如我在客服案例中所說的那樣：聊天機器人的一個好處，就是永遠會照著腳本走。

當我在2016年的同一場會議上遇到丹尼爾·康納曼和奈特·席佛（Nate Silver）[04]時，他們正好聊到了雜訊的問題。所謂的雜訊，是指會在不情願的情況下影響我們決策的事物，也就是會使我們預測失準的捷思法。康納曼又將雜訊稱為「無用的變異性」。這正是我們與機器人的不同之處：雜訊會影響人類預測的能力。[05]

這說法並不是毫無爭議。我們的捷思法和偏誤具有重要功能，若少了它們，我們會無法生活。[06]這世界太過複雜，因此少了它們，我們就不可

---

04 奈特·席佛是美國的統計學家和民調專家。他架設了fourthirtyeight.com網站，除了分析各種統計模型，也會討論政治及體育賽事。他最知名的事蹟，是以自己的統計模型在2008美國總統大選的50個州中，正確預測了49個州的開票結果，並在2012年正確預測了所有50個州（加上哥倫比亞特區）的開票結果。在2016年，雖然他預測希拉蕊將會勝選（所有人也都這樣認為），但他的模型卻顯示川普贏得選舉團的機率逐日增加（雖然幅度不大），而且會在總票數上落敗（在開票之前的預測中，落差高達25%）。最後的結果正是如此。

05 理查·塞勒在諾貝爾獎得獎感言中，提到了一個類似的比喻：按理不相干因素（Supposedly Irrelevant Factors, SIFs）。行為偏誤是按理不相干因素，因為那些偏誤在傳統新古典經濟學的世界觀中被視為是與人類行為無關的事物。

06 雖然康納曼和塞勒應該都不會對此提出異議，但例如捷爾德·蓋格瑞澤（Gerd Gigerenzer）等學者都曾批評過「捷思法和偏誤一定會導致錯誤」的這項假設。康納曼本人也承認這一點。在他的著作《快思慢想》中，他描述了國際西洋棋大師只使用系統一思考進行一般對弈（因為他是專家），只使用系統二來解決僵局，藉此大幅減少認知心力的消耗。他的捷思法來自專業知識和練習結果，因此不太可能出錯。業餘棋士則會更加仰賴系統二。

能做出任何決定。本書的第五和第六部分將提到，捷思法和偏誤可以幫助我們決定要購買哪些產品和服務，因此企業必須更清楚知道該如何影響消費者的購買決定。

在充滿史巴克的世界中，每個人都會表現得完全理性，而且性格會變得非常沉悶。企業所做的一切，都將純粹以經濟效用為基礎。羅里‧薩特蘭指出，在那樣的世界中，行銷學根本就不存在，因為想要以非理性且無形的因素（例如感知價值和地位）創造購買商品或服務的慾望，將會變得毫無意義。

當猴子因為沒有得到葡萄而生氣，或是消費者因為服務很差而對電話大吼大叫時，這種情緒具有一定邏輯。如果我們沒有對不公平行為做出憤怒的反應，可能就會因此遭到剝削。俗話說：「會吵的小孩有糖吃。」我們從小就知道，如果抱怨得夠大聲，通常會得到獎勵。

撇開進化論的觀點不談，有很多例子可以說明雜訊會導致錯誤。對企業來說，更重要的是雜訊會導致結果不一致，而建立並使用遵守規則的演算法，則可以消除這種不一致的現象。

不一致的危險之處

在汽車工廠中，自動化不只可以提高效率，也可以提升品質，因為機器人每次都應按照相同的標準生產汽車。如果聊天機器人能夠將相同的腳本用於相同類型的互動，就能為每個客戶提供一致的服務，但這點有好有壞。如下文所述，這種確定性在行為及獲利能力方面，都具有非常大的價值。在商務中，以最佳化流程為基礎的精實和敏捷做法，都是以標準化為前提。如果組織中的每個人都有不同的做事方法，就不可能找到改進的方式，因為本質上具有太高的隨機性。

如果沒有流程，就不可能改善流程。

你可能曾經遇過這樣的狀況：當你請具有相同或相似條件的兩個人回答同一個問題時（例如對同一份工作的報價），他們會給出截然不同的

答案。這是因為那個問題會使他們進行判斷,而每當涉及判斷時,偏誤和雜訊都有可能會出現。

舉例而言,若在兩個不同的日子,請軟體開發人員預估完成某項工作的時間,兩次預計的工時平均會相差71%。當病理學家在對活體組織切片的檢查結果進行兩次嚴重性評估時,相關性只有0.61(滿分為1.0),證明他們常做出非常不一致的診斷結果。

更令人擔憂的是,康納曼及其同事的研究證實,在兩間大型金融組織中,案件評估之間的平均變化為48%及60%。由於每個案件都牽涉到龐大的金額,因此這種不一致將對獲利造成巨大的影響。

他們還發現,專業知識對此沒有影響。工作資歷多寡,無法減少決策時出現的變化。

這些組織對這個結果感到非常驚訝。康納曼和同事認為這是因為過度自信和共識效應所致。康納曼等人表示:「經驗豐富的專業人士通常會對自己判斷的準確性抱有高度信心,而且會高度重視同事的能力。兩者結合起來,就會不可避免地導致高估……在大部分工作中,人們會從主管和同事的解釋和批評中,學習如何做出判斷。這種知識來源根本不可靠,還不如從錯誤中學習。長期的工作經驗,總是會增加人們對於判斷的信心,但是在缺乏立即反饋的情況下,有信心並不能保證具有準確性或共識。」[07]

雜訊之所以存在,是因為即使是經驗豐富的專業人士,也不會從過去的錯誤中汲取教訓,而以史為鑑對於成長型思維和試管精神來說都十分重要。

這和以色列戰鬥機飛行員的培訓問題一樣:企業經常根據判斷,而不是根據證據做出決定,因此導致偏誤和不一致出現。

07　這些引用的句子和示例,皆取自《哈佛商業評論》2016年10月號的一篇文章:Noise: How to Overcome the High, Hidden Cost of Inconsistent Decision Making' by Daniel Kahneman, Andrew M. Rosenfield, Linnea Gandhi and Tom Blaser。

但科技並非如此。科技是基於合理的規則（演算法）進行測試、學習和改良，因此可以為企業帶來巨大的收益。

確定性和不確定性

確定性（certainty）是行為科學中的重要概念。雖然捷思法和偏誤有助於決策，但唯有當人類在不確定的條件下進行判斷時才會發揮作用。如果已經確定怎樣是最佳做法，我們就可以在不耗費任何認知心力的情況下做出決定。如果勝率是100％，那麼下注之前根本就不需要思考。

我們的偏誤會盡可能避免任何的不確定性。如果某件事從確定轉為不確定，當我們意識到這件事所涉及的風險時，就會引發我們的損失規避心理（請參閱第41頁）。

特沃斯基和康納曼都用了以下的例子。你比較喜歡以下哪個選項？

A）保證可以得到30英鎊。

B）80％的機會可以得到45英鎊，20％的機會什麼也得不到。

他們發現，78％的受試者會選擇A選項，只有22％的人選擇了B選項。然而，B選項的期望值（£45×0.8= £36）比A選項的期望值還高出20％。因此，其實理性選擇是B選項。

對於企業而言，這種偏好確定性的天性具有許多意義。租車應用程式Uber的特徵之一，就是會透過地圖和定位功能向使用者顯示車子的位置，藉此提供確定性。羅里·薩特蘭指出，自從1920年代以來就可以透過電話叫車了，但比起使用應用程式叫車的新鮮感，大家更重視的其實是這種在抵達時間上的確定性。如此一來，他們再也不必在打電話叫車後，焦急等著出租車前來。

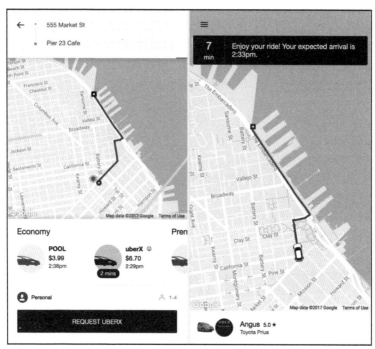

Uber計程車定位追蹤的示例

　　在本書的第五和第六部分將提到，許多客戶尋求的正是這種確定感。這種感覺會讓我們傾向選擇現有的知名品牌。如果我們在購物時決定要追求滿意，商品只要夠好就好，就會選擇以前曾經買過，而且效果還不錯的商品。對於企業來說，這就是為什麼提供品質一致的產品和服務如此重要的原因。

　　如果你在過去五年來，都會固定去當地的一間咖啡廳，而那裡的咖啡、食物和服務總是非常好，你就不會有誘因去嘗試街角的新咖啡廳。為什麼沒事要去承擔未知的風險？

科技、行為和資料

在汽車製造廠中，若想要解決不一致和過度自信，最極端解決方法就是將人類完全排除在製造過程之外。如康納曼所觀察，演算法每次都會提供相同的答案。

如前所述，對於企業來說，這個問題取決於技術限制及問題嚴重性。若某個決策必須依賴許多主觀判斷、多方意見或軟性技能（例如同理心和創意），就無法輕易用演算法來取代。如本書的下一部分將提到，若倉促以軟體取代人類，也會帶來許多企業和社會問題。

然而，若過程相當一致且公平，並以可靠的資料為基礎，則消除雜訊可以是一件相對簡單的事。例如，在使用比價網站獲得房屋保險的報價時，只要回答一些簡單的問題，演算法就會產生許多來自不同公司的報價。若以相同方式再次回答這些問題，得到的報價很可能維持不變。若稍微更改答案，報價則可能會改變（你可親自去玩玩看）。

弱人工智慧的背後沒有過於複雜的技術[08]，只有一組規則（演算法）會根據你提出索賠的可能性（即風險等級）進行簡單的計算。在許多情況下，這種技術可能不是基於實際資料或過去案例資料的統計模型，而是純粹基於一些合理的規則（例如住在海邊容易淹水）進行運算。康納曼及其同事表示，這種模型會平均重視每一條收集來的規則，具有相當的準確度，甚至不去看結果數據也能知道。[09]

這種方式與20年前的保險承辦人評估案件的方式幾乎相同。不同之處在於，這些規則會在他們的腦海中，因此容易產生偏誤。如果去問同一間公司的兩位承辦人，他們可能會提供兩個不同的報價。

08　雖然整體而言，可能會有公司使用更複雜的機器學習去改良網站上提供的報價，讓使用者更有可能選擇這些報價而不是去其他地方。保險公司可能也會最佳化不同網站上的所有報價，以將總體風險維持在可獲利程度。這是更困難的問題，涉及數百萬個資料點。

09　康納曼等著，《雜訊》（Noise），天下文化出版。這裡的例子是建立單一聚合數並藉此預測體育競賽的可能結果。這是奈特·席佛在他的 FiveThirtyEight 網站上提出的方法。這方法也反映了信用等級評比的原理，以及奧克蘭運動家棒球隊評估球員的方法。麥可·路易士在他的著作《魔球》（Moneyball）中描述了這方法，而本書的第四部分也會引述其中的一部分內容。

只要能觀察與學習，最初的演算法可以非常簡單：「基本上，如果打算使用演算法來減少雜訊，其實不需要等待結果數據。只要運用常識選擇變數，並使用最簡單的規則來組合變數，就可以有許多收穫。」[10]

只要使用的資料沒有偏誤且規則簡單，企業就可以建立隨著時間過去變得越來越精良且比人類更一致的預測機器。

凱特・格雷茲布魯克（Kate Glazebrook）是由行為洞察團隊成立的數位平台Applied的執行長兼共同創辦人。Applied 透過行為和資料科學，提升聘雇人員時的決策品質。這麼做既可以減少聘雇決策中的偏誤，又能夠提升決策的可預測性，避免企業在運用人工智慧篩選工具時，面臨像亞馬遜那樣的性別歧視問題。

格雷茲布魯克表示：「我們都傾向相信自己的判斷，而且都有一點過度自信。在Applied公司中，我們一直在認真思考的一件事是……研究行為科學的目的，不是要區分『我們和他們』。我們所有人都會被偏誤影響。所有的過程也都會被偏誤影響。事實上，所有由人類創造的流程，都會在無意中帶有過去的做法。」[11]

然而，如上一章所述，由於捷思法讓我們在面對新科技時容易缺乏信任，因此最終的決定仍然需要經過人類的審核。就像汽車工廠仍需要人工來維護機器，企業也需要人類為預測機器訂下規則，並確保使用的是正確的且無偏誤的訓練資料。如下一章將提到，企業也需要人類來提供責信度。

因此，企業在急於建立科技解決方案之前，必須先了解科技的侷限性、使用科技時的行為偏誤，以及科技使用的資料中所存在的偏誤。假如員工都已經具有試管精神（清楚了解人類行為的驅力，以及如何使用資料來驗證假說），就可以避免這些問題，因為這些科技的發展都是取決於人類。

10　摘自《雜訊》（*Noise*）。
11　本書的下一部分將提到一些會影響聘雇決策的偏誤。

唯有同時適用於像荷馬一樣的人以及像史巴克一樣的機器人時，企業才應該採用技術解決方案。

　　另外，企業所採用的科技，還必須滿足人類的情緒和道德標準。這些都將在下一章中討論。

Chapter 11

人造非理性行為

行為科學如何讓企業以合乎道德的方式運用人工智慧與自動化生產

區分人類與機器人的重要性

就和拿到小黃瓜的憤怒猴子一樣，人類在被欺騙時，會產生強烈的情緒反應。當科技使人機互動的界線越來越模糊，並創造出越來越逼真的機器和機器人時，我們會比過去更不確定是否正在與人類互動。

Google在2018年5月展示了他們以雙工技術建立的Google Duplex服務。Google Duplex是一種人工智慧助理，可以和人類通電話與互動，而人們卻不會發現自己實際上是在跟機器人說話。因發明社群媒體標籤而聲名大噪的產品設計師克里斯‧梅希納（Chris Messina）認為，雙工技術是「最不可思議，也是最恐怖的東西」。[01]

許多評論家對於這個做法的道德問題表示憂心，因為人類會無法得知自己是在和其他人類還是機器人對話，而且這顯然不是意外，而是精心設計的欺騙。TechCrunch網站稱其為「人工智慧默劇」，並表示「這種犯罪之後才考量道德問題的公司，讓人非常擔憂」。[02]Google似乎在急著發明新科技時，忘了考慮道德問題及價值框架。

---

01 www.independent.co.uk/life-style/gadgets-and-tech/news/google-duplex-ai-artificial-intelligence-phone-call-robot-assistant-latest-update-a8342546.html。Google Duplex 服務承認，其實仍然有25%的通話是由人工處理：www.google.com/amp/s/www.nytimes.com/2019/05/22/technology/personaltech/ai-google-duplex.amp.html

02 techcrunch.com/2018/05/10/duplex-shows-google-failing-at-ethical-and-creative-ai-design

如傑夫・高布倫（Jeff Goldblum）在電影《侏羅紀公園》（*Jurassic Park*）中的經典台詞所說：「你的科學家一心只想著自己能不能做到，忘了去考慮自己應不應該做那些事。」

就像人類漸漸習慣使用亞馬遜Alexa和Google助理等語音操作的機器一樣，當我們逐漸習慣這類科技時，這種本能的反應（即毛骨悚然的感覺）可能會減弱。儘管如此，因為我們知道對方是機器，所以不會有被欺騙的感覺。

這和恐怖谷理論（uncanny valley）有相似之處。恐怖谷理論認為，機器人不能與人類太過相似，否則會帶來不舒服及不安的感覺。在許多情況下，不確定性是行為的巨大阻礙，也是我們在決策過程中力求避免的事情。[03] 不確定性也是接受新科技時的阻礙。

位於紐西蘭的靈魂機器公司（Soul Machines）正在開發模仿生物的頭像（例如嬰兒模擬器）。這些頭像在物理上非常逼真，看起來就和真人沒有兩樣。嬰兒模擬器甚至包含虛擬的神經系統。

CognitionX的前人工智慧研究負責人朱利安・哈里斯表示，這些頭像雖然栩栩如生，但人們仍然會感到不安，因為他們知道那不是真的。哈里斯說：「大腦會在不知不覺中，充滿許多連表意識都無法察覺到的訊息。」即使無法明確說出原因，我們的本能（即系統一）還是知道哪些東西不是真的。

同樣的，如果不確定是在對人類或機器人說話，將會產生不安定的感覺，因此會帶來很差的體驗。尤其若客戶早已感到沮喪、不公平或憤怒等情緒時，這樣的體驗會更糟糕。如果覺得自己受騙，情緒性的系統一偏誤就會開始出現。

追根究底，行為科學讓我們知道，人類想要讓生活更輕鬆的產品和服務，並且在某種程度上不在乎這些產品和服務是否經由自動化所提供。企業務必留意：假如欺騙客戶，讓他們誤以為自己在跟人類互動，不僅會提供非常糟糕的體驗，還可能會逾越道德的界限。

03　請參閱第114頁。

人工智慧與自動化的倫理問題

前面提過，傑森・史密斯認為當資料收集和處理的過程開始自動化之後，尤其是在使用自動學習模型（即超越弱人工智慧）時，企業會開始面臨全新的道德問題。企業若是以不道德或違法的方式收集資料、造成負面行為，或是創造出令人上癮的產品和服務，人工智慧科技就只會加速這些過程，更令人不安的是，若少了人為監督，問題就會更嚴重。

當我與史密斯會面時，他正在製作一部關於人工智慧倫理的廣播紀錄片，並積極與相關領域的專家會談。他的發現非常令人擔憂，而「擔憂」這個形容詞已經非常客氣了。

他說：「最重要的問題，是自學模型的透明度。我們必須解釋這些模型是如何根據他們的決定而產生。若這些模型做出沒有人能理解的決策，可能就會遭到民眾反對……這項技術本身不是壞事。但是，我們能夠用來做好事嗎？我們是否可以建立一個框架，讓這項科技總是被用來做好事？」

朱利安・哈里斯在加入CognitionX之前，曾在Google負責全球產品七年，並為英國政府提供技術解決方案。他表示：「我們希望大家可以重視合理和道德的問題。在資料的影響下，人工智慧科技已經脫胎換骨。所有涉及人類的資料，或多或少都有偏誤存在。我們必須確保使用資料的方式符合預期，以及是否對民眾有益。以政府為例，政府使用的資料必須真正反映光譜上所有種類的人，因為政府的政策必須考量到所有人民。」

從客戶的角度來看，這是自動化無法避免的道德與業務難題。由於英國8%的人口完全沒有使用過網路，因此若沒有考慮到整體的使用者就貿然推行數位化，可能就會遺漏掉一群客戶。[04]

04　Office for National Statistics, Internet users, UK: 2018。www.ons.gov.uk/businessindustryandtrade/
itandinternetindustry/bulletins/internetusers/2018

企業必須以合乎道德的方式運用人工智慧

凱特·格雷茲布魯克向我解釋，在打造適合所有人的技術解決方案時，擁有多元化的團隊的好處。

格雷茲布魯克表示：「我們有一位客戶，會不斷努力讓更多女性和少數族裔應徵他們的科技職缺，因為眾所皆知，科技產業是目前多樣性最低的產業之一。多樣性很重要，因為技術逐漸在形塑所有人的生活方式。因此，若只由非常單一的少數族群創造科技，就會有可能無法開發出適合所有人的產品。但是，自從使用我們的工具後，那位雇主發現申請技術工作的女性人數增加了25％至30％。」

多樣性非常重要，因為帶有偏誤的團隊和模型資料，可能會導致可怕的後果。聊天機器人泰伊和亞馬遜以人工智慧招聘員工的例子已經夠糟糕了，但是在2019年3月公布的一項研究顯示，自動駕駛汽車會難以辨識出皮膚較黑的人。根據這項研究，黑人被自動駕駛汽車撞的機率會比白人高5％。

簡而言之，自動駕駛汽車可能會涉及種族歧視。[05] 為了避免出現這樣的結果，唯一的做法就是確保在技術建立之前（而不是之後）設定正確的價值框架，為資料的收集和使用方式提供準則。相信那些工程師和設計師都沒有預料到自己的資料和測試結果會帶有這種偏誤。唯有在事前出於自願或為了遵守法規而確立正確的框架，才能避免「垃圾進，垃圾出」的問題。

科技作家保羅·阿姆斯壯（Paul Armstrong）認為：「因為管理單位太少了，所以最近才會像這樣陷入恐慌……而且，企業在接下來的兩三年還是可以暢行無阻……科技發展的速度，永遠會超過立下規則的速度。」

「我們必須從更全面的角度思考這件事。但在經濟蕭條的時期，這問

05　www.businessinsider.com/self-driving-cars-worse-at-detecting-dark-skin-study-says-2019-3。研究人員認為，這是因為在用來訓練系統的圖片中，深色皮膚的行人較少。

題很難引起關注……假如政府的汽車管理處願意表態『我不會買這個軟體，因為這個軟體顯然涉及種族歧視』，這些公司會承受怎樣的壓力？根據歷史教訓，最能快速改變別人行為的方式，就是讓對方賺到的錢變少。」

人工智慧如何協助識別偏誤

建立自動化或人工智慧工具時，必須具備三個要素：資料、預測和決定。我們已經知道，偏誤的資料會導致可怕的預測和決定。此外，和自動駕駛汽車一樣，在達到100％的安全性和準確性之前，偏誤會讓我們寧可接受由其他人類所做的決定。無論我們從資料和預測中去除了多少偏誤，任何決策都需要人類參與，才能改良結果並維持責信度。而想要這麼做，就必須了解驅動人類行為的（可能是非理性的）因素。

朱利安‧哈里斯在上一章中說過，使用情緒辨識技術來決定某人是否有假釋資格，會產生許多疑慮。這不是隨便亂舉的例子。森迪爾‧穆蘭納珊（Sendhil Mullainathan）[06] 教授及其同事的研究顯示，使用機器學習演算法來決定法官是否應准予假釋，可在不增加監禁率的情況下將犯罪率降低25％，或是將監禁人數減少42％而犯罪率沒有提高。[07]

穆蘭納珊等人在結論中指出：「好的預測因子不一定能改善決策……預測演算法可以用來為行為進行診斷，有助於理解人為錯誤的本質。想要在這些問題上取得進展，就必須綜合多種觀點，包括機器學習技術、行為科學和經濟學。」[08]

除了消除雜訊之外，預測機器還可以幫助我們及早辨識出偏誤。假如理性且基於規則的演算法沒有根據你預期的方式影響行為，恭喜，你的偏誤出現了。這種方法可以幫助你的企業找出更多違反直覺的解決方案，就像Google的「好手氣」按鈕一樣。

06　芝加哥大學布斯商學院的計算與行為科學教授。
07　cs.stanford.edu/~jure/pubs/bail-qje17.pdf
08　同上。

羅里・薩特蘭表示：「人工智慧可以產生真正有趣且有價值的資訊。這些資訊通常鮮為人知且違反直覺。所以，我很期待有人可以訓練人工智慧說出：『好吧，這是我們的一種偏誤。誰不會犯這種錯？』」

更好的訓練資料 ── 行為科學如何協助企業以符合道德標準的方式運用人工智慧及自動化

在准予假釋的例子中，雖然演算法可能會犯更少錯誤，並且比人類更客觀，但是一旦發生錯誤，後果會非常嚴重。太快讓兇手出獄，可能會導致另一起謀殺案。和自動駕駛汽車一樣，假如錯誤導致嚴重的後果，就一定會成為頭條新聞。在這種情況下，誰應該要負責？建立演算法的人？還是資料分析師？

在鳳凰城 Uber 車禍的案例中，美國法院認為 Uber 不需承擔法律責任（不過將來上訴時可能會被推翻）。我們心中熱愛葡萄的猴子會想要伸張正義，希望法律平等對待所有人，而企業必須考慮在演算法發生錯誤時該由誰負責。

就像自動駕駛汽車需要設計一種機制，讓駕駛在快要撞上東西時可以進行操作，准予假釋的過程也必須經過人類專家的審核與批准。這麼做可以提供責信度、可以考慮到會被基於系統二的演算法所忽略的人類特質和非理性因素，而且可以遵守道德框架。

對大部分企業來說，決策的後果不會那麼嚴重，因此有很多機會可以利用行為資料和機器學習，以前所未有的速度和規模進行測試、學習和改良。以前面提過的「我的戒菸夥伴」來說，我們會根據使用者提供的資料及回饋對應用程式進行最佳化。這個過程大多是靠人力完成，必須在檢視使用者資料後，分析該如何調整應用程式以提升使用者經驗。

若我們現在要再次發行這個應用程式，整個過程可以完全自動化。我們可以透過機器學習演算法根據使用者的互動內容即時改良應用程式並增加新功能，以及自動將更新後的應用程式上傳到商店中。就像 Netflix 為每個使用者量身打造使用者經驗的方式一樣。

這是許多企業未來發展的目標，讓機器學習和人工智慧能夠擁有試管精神，以更快速及更準確的方式進行測試、學習和改良。舉例來說，聊天機器人可以根據客戶反應最熱烈的內容調整回應，或是根據行為科學知識及個人資訊，對每個客戶的需求提出不同的回應。

總而言之，行為科學可提供最有效的訓練資料，建立供機器學習和人工智慧使用的模型。而且訓練資料的品質越好，機器預測的表現就越好，競爭優勢也就越大。

然而，如果決策結果會以任何方式影響到人類，企業就必須以人為方式進行監督，藉此保持責信度並提供正確、具有同理心且充滿感情的回覆。

否則，客戶可能會開始朝你丟小黃瓜。

下一部分將會提到，除了這些限制之外，若在沒有考慮到行為含義的情況下就用機器人取代人類，不只可能會讓你失去工作，還可能會對企業及社會造成重大負面影響。

Chapter 12

人工智慧、自動化生產
與行為科學
你該怎麼做？

在本書的第三部分，我們知道行為科學是能否有效在事業上使用自動化生產、機器學習或人工智慧的關鍵，因為：

- 本能的情緒反應和同理心是複雜的行為問題，目前只有人類（而非機器人）能夠展現；

- 以自動化的客服解決方案為例，這方法假定客戶是完全理性的系統二（即史巴克一般的）的決策者，但這已經證實是錯誤的假設；

- 人與人的互動，會引發不適用於人與機器人互動時的行為偏誤，反之亦然；

- 透過演算法，可以在某些情境中去除雜訊（不一致的決策）；

- 預測演算法在影響人類結果時無法獨自做出決策，因為人類會追究責任且無法容忍錯誤；

- 這些技術使企業能夠根據實際行為，以前所未有的速度和規模進行測試、學習和改良（即試管精神）；

- 透過不斷測試，可以建立更有效的訓練資料，使演算法對人類行為的預測更加準確。

因此，有很多方法可以有效利用行為科學、自動化生產和人工智慧，藉此讓事業成長：

- 務必在技術完成之前（而不是之後）確立正確的價值框架，以作為搜集和使用資料的指標；

- 以在潛意識中驅動人類行為的因素為基礎，設計出更好的自動化或人工智慧解決方案，讓產品和服務更容易使用；

- 我們必須明白，有些更困難的問題，只有人類的同理心和情緒智能才能解決；

- 假如根據可靠資料顯示，某方法的一致性且客觀性都夠高，就可以使用演算法消除雜訊；

- 但最後還是必須由專家進行人工審查和行使否決權，以提供責信度。

然而，這種方法同樣引起了一些重要的道德問題。企業必須明確讓使用者知道，自己互動的對象是不是機器人。許多人會將這視為詐騙行為、因為不確定的感覺而感到不安，並產生強烈的負面情緒反應。

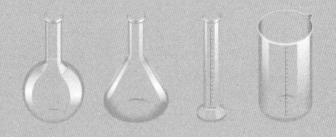

Part 4

以行為科學增加生產力

在未來更加自動化的工作環境中，
保留下來的職務需要更強的心理基礎，
因為那些是只有人類才能勝任的角色。
成為行為科學事業不僅有利，
而且至關重要。

Chapter 13

機器崛起對未來工作的影響
行為科學與變遷中的勞動人口

機器人會搶走你的工作嗎？

　　行為科學可以幫助企業充分利用人工智慧與自動化（以及人力），並創造更好的產品和服務，但是在機器取代人類員工的問題上，行為科學也可以幫上忙嗎？根據英國國家統計局（Office for National Statistics，簡稱ONS）估計，英格蘭有150萬人因為自動化（程式、演算法或機器人）而面臨失業的高風險。這數字佔總勞動人口的7％以上，其中70％為女性。

　　國家統計局表示：「人類並沒有完全被機器人取代。人類反倒可以透過撰寫演算法，或是設計一種具有特定功能的機器，以更快且更高效率的方式執行重複性高的工作。」如接下來的圖表所示，最有可能被機器取代的工作，是複雜性較低、對於正規教育程度和相關經驗要求也較低的工作。下一代的工作人口比較需要擔心這個問題。在20至24歲的年輕人中，工作被自動化取代的風險是16％，是全國平均的兩倍。

　　前一章提過，在某些職位上，機器的表現會不如人類，例如需要同理心和創意的工作（至少目前是如此）。然而，很多工作雖然是由人類進行，卻不會運用到這些能力。事實上，如丹尼爾・康納曼所述，許多工作在完全去除人類的不一致性和雜訊時，會有更好的成果。Uber和其他公司投資了數百萬美元在研究自動駕駛汽車，因為機器可以比人類更安全且更有效率地完成這項工作。

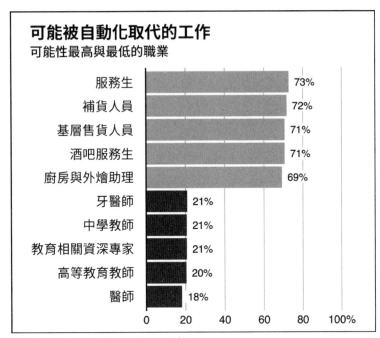

可能被自動化取代的工作
可能性最高與最低的職業

職業	百分比
服務生	73%
補貨人員	72%
基層售貨人員	71%
酒吧服務生	71%
廚房與外燴助理	69%
牙醫師	21%
中學教師	21%
教育相關資深專家	21%
高等教育教師	20%
醫師	18%

資料來源：英國國家統計局（2019）[01]

　　自動化對企業的影響有好有壞，取決於企業的性質及其目標。Uber的目標是盡可能提供便宜的出租車服務，並透過淘汰人類員工來提高獲利能力。[02] 然而，身為社會中的一分子，我們可能會鼓勵採取其他更有效且更永續的方式來解決交通問題，例如鼓勵民眾使用大眾交通工具。[03]

　　羅里‧薩特蘭說過：「有人說自動駕駛汽車應該獨立運作，不須靠基礎設施，這想法讓我感到非常震驚。那是一種愚蠢的野心，感覺是受到一種心態所驅使，而不是用來解決問題的正確方法。」

01　www.bbc.co.uk/news/business-47691078
02　Uber的問題是必須先想辦法獲利。2018年，Uber虧損了超過10億美元（來源：彭博社）。
03　一項2019年的研究顯示，Uber和另一個共乘應用程式Lyft的發源地舊金山的交通壅塞現象不減反增，這點與兩家公司的說法互相違背。在2010年至2016年之間，舊金山的交通量成長了60%，其中一半以上都是Uber和Lyft所致。www.theverge.com/2019/5/8/18535627/uber-lyft-sf-traffic-congestion-increase-study

想要解決經濟問題，就必須依靠心理學

這是另一個心理學能夠比經濟學更有效解決自動化程度提高造成社會問題的例子（例如大規模失業）。

企業若能了解行為的真正（即隱性）驅力並擁有試管精神，就能夠以不同的角度看待問題。前面的章節提過，自動化是一把雙面刃：就算自動化提升了效率，也不代表效益會相應提升。用機器取代人力，和社群媒體上互相按讚的性質不同。人類的動機和幹勁通常是非理性的，而且常由情感所驅使。此外，人與機器人互動在本質上和人與人之間的互動有很大的不同。

英國皇家文藝學會（Royal Society of Arts, RSA）在2019年3月公布的一份報告預測，到了2035年，英國的工作將有四種可能的發展。在這四種發展中，自動化所帶來的失業風險介於5％至35％之間，差異非常大。可能的情況包括：新的機器時代以大量失業為代價，降低了日常用品的成本；進入被過度監控的時代；經濟崩潰導致許多人轉而從事自給自足的產業，回歸農業經濟；在理想的情況下，同理心經濟（empathy economy）會崛起，即人類會越來越關注教育、照護和娛樂等領域，而這些職位大多會由人類所負責。儘管最後一個可能是最理想的未來發展，但那種情況也會「帶來情緒勞動的新挑戰」。換句話說，越來越多人類將從事情緒耗竭（即心理負擔重）的工作。[04]

傑森‧史密斯在英國廣播公司的廣播紀錄片中探討了這些問題。他表示：「我們知道，人工智慧是個很好的工具，適合取代以流程為基礎的工作。我們可以透過自動化，完成人類不想做的工作。至於人類擅長的事物，例如照顧、同理心及類似的角色，則應該受到社會和經濟的重視，因為那會是我們的未來。就某些方面來說，人工智慧可以讓我們意識到人類在本質上與機器的不同之處。」

雖然許多人將因為機器而失去工作，但能夠在職場上存活下來的人必

04　www.thersa.org/globalassets/pdfs/reports/rsa_four-futures-of-work.pdf

須具備更強大的心理基礎，因為那些是只有人類才能勝任的角色。在未來，企業必須更了解驅動人類行為的因素、激勵客戶和員工的動機，以及讓他們保持幸福快樂的方法。在熟悉行為科學的企業中工作將再不只是一件好事，而是基本條件。

但是，那些無法參與同理心經濟的人，那些最容易被自動化取代的服務生和補貨人員該怎麼辦？對於他們來說，這也是一種正面的發展嗎？

若你的工作很爛，被機器人取代也許不是件壞事

隨著自動化程度提高，企業必須考量兩個問題。首先，如本書前一部分所探討，用機器取代傳統上由人類擔任的角色的意義，不只是能提升提供產品或服務的效率而已。第二，保留給人類的工作，也就是只有人類擅長的工作，必須是「好工作」才行。換句話說，這些工作應該要讓員工保持健康、感到快樂和充滿動力，才能提高生產力。

行為科學可以解決這兩個問題。對於自動化所帶來的大規模失業問題，傳統的新古典主義經濟學的解決方式是提供更多這類只能由人類勝任的工作，然後鼓勵企業提供這類職缺。然而，這項假設的前提是：政府主要的經濟目標，是充分就業和有缺陷的GDP指標。[05]

這問題的嚴重程度，就連比爾‧蓋茲都曾經建議過要徵收機器人稅，以暫時減緩自動化的普及，並為其他類型的職位提供資金。企業若想要以機器取代人類，就必須為此繳稅，而這筆錢會用在資助照顧老人或兒童等護理工作者身上。這做法假設了企業（社會契約）的功用是為人類提供工作，而人類工作的唯一原因是為了經濟收益。因此，為了吸引人類擔任同理心經濟的工作，就必須付他們更高的薪水。下一章將提到，金錢在職場上其實不是一種有效的動力來源。無論如何，這種工作的回報在很大程度上是情感上的報酬，而不是金錢上的報酬。

05　連《經濟學人》都曾在2016年發表的一篇文章中表示，國內生產總額「越來越無法衡量繁榮的程度，甚至不是一個可靠的生產力指標」。www.economist.com/briefing/2016/04/30/the-trouble-with-gdp

然而，如果把問題集中在情緒化的系統一行為驅力上，並考慮這些工作是否使人類感到開心呢？如果人類不只是生存，還想要繁榮發展的話，工作是否真的是必要之物？[06] 若非如此，突然的大規模失業就不再是個問題。尤其若被取代的工作是危險的、乏悶的或重複的工作時更是如此。若從這角度看待問題，有一種方法可以解決這種低技術需求工作日益被自動化取代的問題，也就是以全民基本收入（universal basic income, UBI）的制度取代政府傳統的社會福利計劃。[07]

全民基本收入的邏輯，是讓國家給予每個公民（無論其需求或條件）能夠維持基本生活的收入，金額略低於基本工資。這個方式可以確保所有人的基本生活水準，同時讓想要工作的人能夠追求抱負。雖然全民基本收入常視為古怪的經濟理論且因而被忽視，但2019年美國民主黨總統候選人楊安澤（Andrew Yang）卻將其作為政策中的獨特基石，而影子大臣約翰·麥克唐納（John McDonnell）也宣布工黨政府將在英國進行前導實驗。

支持者認為，儘管全民基本收入會增加政府的總預算支出，但可透過在福利制度執行層面所省下來的錢進行補貼（因為再也不需要對補助申請進行評估和審核）。全民基本收入在減輕與貧困相關的社會問題（例如收入與健康的不平等、侵佔罪等）方面，也具有長期的經濟利益。[08]

唯一的缺點是什麼？至今為止，還沒有人提出能夠負擔得起全民基本收入的計劃，即使在美國這樣的相對富裕的國家也是如此。然而，如果資金充足（例如透過收取機器人稅），全民基本收入的政策就會讓企業中的權力從雇主轉移到員工身上。失去工作將不再造成財務和心理負擔，因為工作不再是必要之物。

---

06 這種方法對於政府和社會可說是相當具有革命性。舉例而言，在2019年5月，紐西蘭政府宣布了名為福利預算的政策，是全球首先以提升人民福祉（而不是經濟發展、國內生產總額、就業率或其他傳統經濟指標）作為預算花費考量的國家。

07 這並不是全新的想法。早在1516年湯瑪斯·摩爾爵士（Sir Thomas More）所著的《烏托邦》（Utopia）就提出過了！

08 這對於心理層面還有一個很重要的好處，就是避免讓民眾在身心障礙就業服務處遭受侮辱。當我在英國工作時，曾親眼目睹了這種惡劣環境，所有相關的人員都感到非常不愉快。民眾必須向陌生人解釋他們失業或疾病的情況，可想而知一定會感到不愉快。而工作人員也經常遭受騷擾和威脅，因此離職率居高不下。

芬蘭和其他一些國家已經開始為全民基本收入進行前導實驗。2019年2月，在兩千名失業芬蘭人獲得全民基本收入補助兩年後，研究發現雖然許多人不再積極找工作，但他們變得更快樂、更健康且壓力更小。[09]

失去工作不會導致錯誤的決定，但財務（和時間）的貧困卻會

行為科學實驗為這現象提供一部分的解釋。這些實驗都證明，貧困會使決策受到不利影響。讓人類的經濟狀況獲得改善，也會讓他們在其他生活層面受益。財務壓力會讓人難以清楚思考、無法以理性和邏輯做出重要決定，因此可能會使情況變得更糟。稀少性偏誤[10]也適用於時間和金錢。擁有的資源越少，就越容易受到認知偏誤影響。

行為洞察團隊在2016年的一份報告中表示：「新興研究顯示，財務焦慮會佔據注意力和解決問題所需的心智能力，即頻寬（bandwidth）。」

他們向政府提出的一項主要建議，是減輕行政與認知上的負擔。如全民基本收入所規劃：「政策制定者應致力於減少使用政府服務的時間和精神成本，讓低收入群眾能夠輕鬆為自己的健康做出正確的決定。」[11]

作家詹姆士・布拉德渥斯（James Bloodworth，下一章將進一步詳述他的事蹟）向我描述了在亞馬遜倉庫工作對他的決策產生的影響。他簽的是零工時合約，領的是最低工資，工作環境則是惡劣到不行。[12]

他說：「當我在亞馬遜工作時，每天大約必須走10英里。那只是平均值。這種運動量聽起來好像會變很健康，而且可以減肥。但事實上，我

09　www.bbc.co.uk/news/world-europe-47169549
10　這是損失規避的部分傾向，請參見第41頁。
11　'Poverty and Decision-Making: How behavioral science can improve opportunity in the UK', Kizzy Gandy, Katy King, Pippa Streeter Hurle, Chloe Bustin and Kate Glazebrook, The behavioral Insights Team, October 2016。
12　零工時合約是不保障工作時數的合約。雇主可以任意在想要或需要的時候，向員工增加或減少工作量。因此，工作量及收入並不穩定。我曾在商業心理學協會的《工作心理學》廣播節目中採訪了布拉德渥斯。

在做這份工作時，體重反而增加了。而且我又開始吸菸了……還開始喝酒……每天都在接近半夜的時候才下班。因此我們都會去麥當勞，因為沒有人想再站在廚房裡花一小時下廚。雖然租的房子裡有廚房……但最後只會想去麥當勞，然後早上11點又得起床。在那裡，一切都在走下坡。開始工作時，用餐時間的間隔非常長，而且吃的都是高熱量的食物。壓力會讓人想要吃巧克力、洋芋片之類的東西，因為那會讓人的心情暫時變好。」

「當工作無法帶給你樂趣時，你就會從其他地方去尋找樂趣。」

除了對健康做出錯誤的決定之外，任何從事過自由工作或接案的人都知道，有固定收入可以讓理財變得更容易。如果有能力支付房租，沒有人會想要接受年利率為百分之數千的發薪日貸款。若手頭不再寬裕，發薪日貸款就會突然變得很有吸引力。企業應該考慮到若員工連生計都無法維持時，會造成哪些更廣泛的影響。

當人類缺乏時間（例如長時間不間斷工作）時，同樣會對決策過程造成直接影響，最後則會影響到工作表現。[13]

行為洞察團隊報告的作者之一凱特・格雷茲布魯克解釋道：「貧窮的人，無論是經濟上還是時間上的貧窮，都會經歷相似的心理過程。某個相對富裕且擁有一定金融知識的人，還是有可能會逾期繳納他們的信用卡帳單。他們就是沒有時間，而且一天之中必須做出許多決定，因此根本沒想過要去處理，就算理性知道自己應該怎麼做。因為不那樣做的代價會非常有感。」

她引述了埃爾達・夏菲爾（Eldar Shafir）和森迪爾・穆蘭納珊的研究，發現從經濟充裕到匱乏的轉變，使一些印度農民的智商從前25%降低至平均水準，也使一些農民的平均智商降低到具有認知缺陷的狀態。這相當於徹夜未眠之後的可能會感覺到的認知障礙。[14]

13　考慮到公部門（例如英國國民保健署）的員工長期低薪資、高工時的工作條件所帶來的影響時，這現象尤其令人擔憂。

14　scholar.harvard.edu/files/sendhil/files/976.full_.pdf　關於這項研究，可參閱他們的著作《匱乏經濟學》（*Scarcity: Why Having Too Little Means So Much*），遠流出版。

因此，若員工的時間或金錢變得匱乏，他們會變得沒那麼聰明，工作表現也可能變糟。企業一旦做出任何對員工的空閒時間或財務狀況造成負面影響的決定，那麼一定也會影響到企業的表現。

行為科學教你如何看待自己的工作

有趣的是，全民基本收入同時招惹了左右派政治人物的批評。右派認為這個制度會鼓勵人民遊手好閒或不願工作，左派則認為那麼做會減輕企業該對社會問題所肩負的責任。許多人也認為全民基本收入低估了工作對人類的重要性，因為工作是一種社會地位、生活目標，以及身份認同和生存意義的來源。

這些主要是意識形態的問題。在行為科學方面，全民基本收入提供了一個有趣的解決方案。正如本書不斷強調，全民基本收入顛覆了傳統的行為經濟學觀點，並且大致上非常有效，而這正是行為科學的意義。

根據新古典經濟學，工作是獲取資源（薪酬）的手段，讓我們能夠購買商品和服務，藉此滿足我們的需求層次。只要稍微了解人類心理學，就會知道這是胡說八道，因為人類的許多需求都是情感上的，而不是財務上的。此外，有工作卻貧窮的現象變得日益嚴重（例如英國有三分之二的貧困兒童是生活在父母皆有工作的家庭中）[15]，這表示從經濟角度來看，這也不是正確的說法。全民基本收入之類的解決方法有機會使人類擺脫貧困，幫助他們做出更好的決策，並讓企業能夠自由考慮要使用人工還是自動化的方式，才能以最高效率提供商品和服務。

就讓人類自由專注去做他們最擅長的事情。

《快速企業》雜誌（*Fast Company*）在一篇文章中，預測了某些工作和社會樣貌在2100年時，將會面臨自從工業革命以來史無前例的變革：

「自動化將把未來的工作人口推向典型的人類角色和工作，並廢除標

15　喬瑟夫朗特利基金會（Joseph Rowntree Foundation）。

準化的工作時間和傳統的階級制度等工業革命所留下的遺產，朝著類似於工業化前以部落和社區為主的工作結構發展。」

在接下來的80年中，可能會出現的變化還包括：朝九晚五的生活將變成每週工作30小時、傳統的辦公室和層級制度將被破壞，以及退休的概念將被整個職涯期間定期進行的重新培訓所取代。[16]擁有試管精神並嘗試這類新結構的企業，可以評估這些改變是否能對生產力和員工福祉產生正面影響，並充分利用這些更廣泛的社會及產業變化。

舉例而言，全球有許多企業（包括英國的金融服務供應商Simply Business）正在嘗試一週工作四天的新模式。紐西蘭信託公司「永恆守護者」（Perpetual Guardian）在2018年進行實驗後發現，一週工作四天的方式提高了生產力、增加了客戶和員工的互動程度、減輕了壓力，並改善了工作與生活的平衡。簡而言之，公司的收入依舊保持穩定，但成本下降了，因此他們決定永遠實施這個新制度。創辦人安德魯·巴恩斯（Andrew Barnes）表示，這麼做也有助於解決勞動人口中的性別薪資差距和勞動力多樣化的問題。

在未來更加自動化的工作環境中，保留下來的人類工作將會需要更強的心理基礎。因此，成為行為科學事業不僅有利，而且至關重要。企業為了生存和成長，不但需要考慮哪些職務可以自動化，還需要考慮如何使留下來的人類職務獲得動力、報酬和生產力。若將來的工作不再那麼具有吸引力，甚至可能不再是必要之物時，缺乏這類職位的企業將無法吸引和留住員工。

下一章將提到企業可以運用行為科學中的哪些知識以提供好工作。好工作不僅是金錢上的報酬，而且是有意義的工作。好工作還可以讓團隊成員做出正確的行為，並讓他們更快樂、更有生產力。

---

16 www.fastcompany.com/90180181/this-is-what-work-will-look-like-in-2100

Chapter 14

激勵的科學
如何提供好工作，並在團隊中輕推出正確的行為

什麼是好工作？

英國皇家文藝學會執行長馬修・泰勒（Matthew Taylor）在2017年政府委託的報告《優質工作》（*GoodWork*）[01] 中，試圖解決目前勞動世界所面臨的問題。其中一個問題，就是所謂「零工經濟」（gig economy）人口的增加。零工經濟的勞工不被視為員工，而且通常必須簽下零工時合約，也就是沒有任何工作保障。

例如在亞馬遜倉庫、速食店、零售商店和出租車駕駛等這類工作，大多是自動化風險最高的工作。由於這份報告，英國決定於2018年12月立法進一步保障這類勞工的薪資和休假權利。

該報告還詳細說明了構成好工作的要素，以及用經濟利益激勵員工的侷限性：「薪水只是用來評估工作品質的一個面向。對許多人來說，個人發展、工作與生活的平衡及彈性同樣重要。」

馬修・泰勒也告訴了我，他心目中的好工作必須具有哪些要素。[02]

他說：「工作在不同的時代對於不同的人會具有不同的意義。首先，我們會想要一個公平、合理的工作條款和條件。接著，我們會希望工作

01　assets.publishing.service.gov.uk/government/uploads/system/uploads/attachment_data/file/627671/good-work-taylor-review-modern-working-practices-rg.pdf

02　我是在馬修・泰勒於2018年在商業心理學協會的會議中進行主題演講後採訪他。這次的採訪內容可以在商業心理學協會的廣播節目中收聽。

具有彈性，這樣就可以平衡工作和生活。接著，我們會希望成為團隊的一部分……接著會想要一種目標感，想要覺得自己是在做有意義的事，並且想要提升這件事的價值。然後會想要一定程度的自主權，想要覺得自己被信任、被聆聽，而不只是機器中的一個齒輪。」

泰勒的總結是，企業在管理時，必須提供以下條件：「如果你和我同樣在乎何謂好工作，就會非常想要改變管理品質。我們需要能夠鼓勵更優質、更慷慨，更有創意的管理形式的組織。」

如果你是管理階級，你還會成為企業中其他人潛意識中的行為榜樣。[03] 除了避免成為一個不道德或不誠實的領導者之外，你也必須在團隊中鼓勵更好的行為。因此，想要成為好的領導人，就必須理解和展現出這類行為。

再多的錢，也不會讓爛工作變成好工作

詹姆士・布拉德渥斯在其著作《沒人雇用的一代》（Hired）中，詳細介紹了他在亞馬遜以及其他低薪的、零工經濟的工作經驗，包括成為Uber的駕駛、在客服中心接電話和擔任看護。我曾經在英國史坦福郡魯吉利（Rugeley）的亞馬遜物流中心，就現場工作環境訪問了布拉德渥斯。

他說：「亞馬遜的一切以生產力為中心，並且員工的流動率很高。員工就這樣來來去去。隨時會有新人加入，因為大家說走就走。就某種意義上來說，這裡就像格子籠養雞場一樣……只是豢養的是人類。」

布拉德渥斯引述了英國總工會的一項研究，該研究發現91％的亞馬遜員工不認為自己的工作是一份好工作，也不會推薦別人從事這份工作。他還提到了高到可笑的流動率、懲罰請病假的員工、長期拖欠薪水，以及惡劣的工作環境。有一次，他在貨架上發現了一瓶尿，因為有一位員工為了達到生產力的目標，連廁所都沒辦法去。

03　光是擔任這個職位，就會有這樣的影響力。這是因為權威偏誤所致（請參閱第85頁）。

布拉德渥斯表示：「當我開始撰寫這本關於低薪經濟的書時，我以為內容會以物質上的匱乏為主，然而，亞馬遜的問題主要牽涉的是缺乏自主權、尊嚴和自尊心的問題。那份工作無法帶來這些事物。那裡的環境還隱約充滿了一種差辱感。在那裡的每一天，我們都飽受凌辱。就連要上廁所時，也必須經過安全檢查。只要口袋裡有任何東西，就會被警衛責備。他們對待勞工的方式，就像是嚴格的寄宿學校或警察局之類的地方。那是一個非常詭異的環境。就算薪水再高，那依然是一個難以忍受的工作環境。」

布拉德渥斯所寫的書，以及美國參議員伯尼‧桑德斯等人對這本書的支持，反映出現代勞工被嚴重剝削的現象，最後也迫使亞馬遜在2018年10月提高所有勞工的薪資。美國亞馬遜的最低時薪漲到了每小時15美元，英國則是9.50英鎊（倫敦為10.50英鎊）。倫敦的薪資漲了至少28%，其他地區則為18%。[04] 亞馬遜明明是一間成功透過行為科學增加收入的企業，但他們激勵員工的方法，卻只是撒更多錢來遏止抱怨。兩者相較之下，這種做法顯得相當原始。

行為科學證明了，整體而言，金錢激勵人心的效果相對較差。儘管個人利益可以將工作表現和生產力平均提升高達50%，但代價卻非常高昂。沃頓商學院教授亞當‧格蘭特（Adam Grant）和吉坦德拉‧辛格（Jitendra Singh）表示：「財務獎勵本身會造成薪資不平等，而薪資不平等經常會影響到績效、合作和留任的意願……我們必須權衡財務獎勵的好處與壞處，例如會鼓勵不道德行為、因造成薪資不平等而降低績效及增加流動率，或是降低對工作本身的熱忱等。」[05]

就連亞馬遜如此成功的企業，似乎也只知道如何讓客戶做出正確的行為，卻不清楚如何管理員工。這些員工每週在公司或廠房都得待上至少40小時，但跟每一位匿名客戶的往來卻可能只有短短幾秒鐘。

04　www.theguardian.com/technology/2018/oct/02/amazon-raises-minimum-wage-us-uk-employees

05　knowledge.wharton.upenn.edu/article/the-problem-with-financial-incentives-and- what-to-do-about-it/

在使員工開心的方法上，行為科學又再次告訴我們，人類的直覺通常是錯誤的。以薪水補償工作時數，只是其中一種做法，而且激勵人心的效果非常有限。員工看待工作的方式非常複雜，而且工作的動力和表現會牽涉到許多深層的潛意識因素。

爛工作對企業不利

如泰勒所指出，從心理學的角度來說，想要激起工作幹勁，就必須先有一定的生活水準。艾文·羅伯森（Ivan Robertson）教授是曼徹斯特大學（University of Manchester）的講座教授，他已經出版了40多本關於工作和組織心理學的書籍，以及近200篇關於職場福利的學術文章及會議論文。

他表示：「簡單來說，員工的身心越健全、經濟越寬裕，表現就越好。這類員工的行為和其他人不同。他們的表現會比較優秀。他們會更樂意與同事合作。他們會更用心服務使用者和客戶。對我來說，改善員工福利對組織和個人來說是雙贏的結果。此外，企業在提升員工福利時應該要有所規劃，而不是覺得『這樣做會對員工好』就草草執行。」[06]

牛津大學賽德商學院（SaïdBusiness School）在2019年針對超過300項研究中的近200萬名員工進行了整合分析，結果發現員工在對公司的滿意度、生產力和客戶忠誠度之間，存在著很強的正相關性，同時，也與人員流動率有很強的負相關性。研究發現，員工的工作幸福感越高，企業的獲利能力也就越高。[07]

因此，與薪資等外在動機相比，能讓員工產生內在動機的好工作，可以讓員工更快樂、生產力更高，而且長期下來留任的意願也會比較高。此外，企業無法阻止其他企業提供更高的薪資。企業只能致力於提供好工作，無法干涉其他企業的薪水和工作條件。

---

06 我曾經和商業心理學協會的成員烏茲瑪·阿弗利迪（Uzma Afridi）一同在協會於2018年的會議中為協會的廣播節目採訪了羅伯森教授。
07 eureka.sbs.ox.ac.uk/7348/1/2019-04.pdf

在與詹姆士‧布拉德渥斯談話時可以明顯得知，零工經濟的工作並不是能夠提供這些要素的好工作。

前一章提過，布拉德渥斯在為亞馬遜工作時，為何會在生活上做出一些不好的選擇。他還提到自己在長時間為Uber開車後，導致他和其他司機有時候在勉強的情況下冒險開車。由於這兩個職位的生產力評估方式都是以匿名的演算法為基礎，並透過例如Uber的應用程式等技術進行溝通，因此這類工作幾乎無法帶來正面情緒或意義。

有人可能會認為，Uber透過演算法進行管理的模式為司機提供了自主權，能夠獲得一種命運控制在自己手中的感覺。露西‧史坦汀（Lucy Standing）是商業心理學協會的副主席，曾擔任摩根大通銀行（JP Morgan）等公司的研究生和全球人員聘雇負責人。她認為零工經濟模型在心理學層面具有一些正面意義。

史坦汀表示：「零工經濟和相關平台能帶給人自主權和控制感，這是我相當喜歡的部份。如果閱讀一些關於人類為何投入工作、為何對工作感到滿意的研究和文獻，就會發現一個關鍵證據，也就是感覺自己擁有自主權的人，通常會具有更高的自我效能水準，白話來說就是具有更高的自信心。根據調查，這些人會具有較高的滿意度，並且實際上比其他人更常被升遷。」

「我們可以採取許多方式，確切地鼓勵人們掌握自己的命運，而且這些方式正是我鼓勵組織去做的……但追根究底，若組織能夠讓員工對自己的行為負越多責任，他們的表現就會越好，而且會越快樂。」

行為科學告訴我們，失去自主權（自我效能感）會對動力和身心健康帶來極大的破壞。根據布拉德渥斯所述，亞馬遜和Uber帶給員工的自主權只是海市蜃樓。舉例而言，Uber的應用程式會以更優渥的費率，鼓勵駕駛在週五和週六晚上工作。一旦這個幻夢消失，就會對心理造成傷害。

企業必須記住，人類生產力的問題，就和餵猴子小黃瓜和葡萄的問題

一樣（這只是比喻），不能只想要撰寫一個「讓員工更努力工作」的演算法就想要草草了事。

養成良好的工作習慣

行為科學告訴我們，動機通常是不合理或違反直覺的，因此可以用來有效鼓勵工作場所中的正面行為並遏止負面行為。Google前人力資源部資深副總裁拉茲洛・博克（Laszlo Bock）表示：「推力是改善團隊和組織的強大機制。」[08]

一個有趣的例子是「誘惑捆綁」（temptation bundling）的概念。誘惑捆綁是把令人開心的非財務獎勵（而不是會被懲罰的威脅）與工作結合，這方法經證實可以有效使人類完成必要但無聊的工作（例如整理出勤表等行政庶務）。我們的損失規避偏誤會促使自己完成工作，以免錯過樂趣。

賓州大學沃頓商學院的凱薩琳・米克曼（Katherine Milkman）教授曾經做過一項實驗，以《飢餓遊戲》等熱門小說有聲書的章節為獎品，獎勵去健身房運動的人。最後，去健身房的人增加了51％。[09]美國一間廣告公司運用此原理，在公司安裝了啤酒水龍頭，但工作人員只有在週五下班後才能使用。這些做法比常見的不補助高額開銷或禁止員工查看電子郵件等處罰方式，還要更能夠激起員工的動力。

在改變行為時，一次打破多個不良習慣會比較容易，因為習慣一旦養成，就會形成一種迴路。當企業發生重大變化（例如重組）時，就是推行新方法和鼓勵好習慣的最佳時機。舉例而言，當我們的團隊在與客服中心合作時，我們趁他們搬到辦公室後，在新的環境中進行了一系列的輕推。其中包括了福利計劃，例如購入可升降的辦公桌，讓員工能夠時站時坐，而且有健康的零食可以享用。另外，我們也在環境上做了一些改變，藉此激勵員工，例如以3D列印的方式，把每個員工的理財目標

08　取自他的著作《Google超級用人學》（*Work Rules*），天下文化出版。

09　pubsonline.informs.org/doi/abs/10.1287/mnsc.2013.1784

（買車、買房等）印出來放在他們的辦公桌上，然後把牆壁的顏色改成有助於集中注意力的藍色系。

在實行這些低成本的輕推後，辦公室搬遷後的員工福利提升了12％，留職率也提高了80％。這項計畫產出了投資價值的七倍以上的成果。

習慣迴路

美國作家查爾斯‧杜希格（Charles Duhigg）在其著作《為什麼我們這樣生活，那樣工作？》（*The Power of Habit*）中提到了習慣迴路（the habit loop），並解釋了養成（和打破）習慣的方式。習慣很重要，因為習慣是系統一（或自動化行為）的主要成分，並且由三個要素組成：暗示、慣性行為和獎勵。

習慣迴路的示例

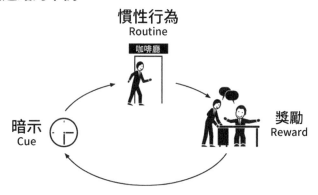

Source: *The Power of Habit*

在書裡的一個例子中，暗示（時間來到下午三點半）將啟動他的慣性（去餐廳買巧克力餅乾），然後在回到座位的路上觸發與同事聊天的獎勵。暗示是一種觸發裝置，可以啟動系統一的自動處理模式、慣性

是行為本身，獎勵則是對該行為的正面強化。獎勵可以純粹是情感上的報酬，如這例子所示。

這個理論有一部分是基於研究迷宮中老鼠的行為而來。研究人員發現，一旦老鼠發現了最佳路線，大腦皮層（大腦涉及較多系統二功能的部分，例如記憶）的使用量就會減少，基底核（涉及較多系統一決策）則更活躍。我們的習慣具有進化的能力，因此可以節省能量。我們荷馬般的大腦本質上是懶惰的，並且會盡可能避免消耗認知心力，如本書其他章節所述。

這種模型最實用的面向，是找出改變習慣最關鍵的事物。[10] 在杜希格的案例中，為了避免每天吃餅乾，他讓暗示和獎勵保持不變，但將慣性改成在下午三點半時走到同事的座位旁邊聊天。同理，前述的「我的戒菸夥伴」應用程式讓吸菸者在接收到體內渴望尼古丁的暗示時，能夠培養出一個新的慣性（點開和使用該應用程式），並給予他們「沒有屈服於菸癮誘惑」的獎勵。

創造更好的獎勵，也可以強化行為。杜希格在書中還舉了印尼牙膏品牌Pepsodent的例子。這間公司發現，在牙膏中添加薄荷的香味，有助於養成刷牙的習慣。這種味道在保持牙齒清潔方面沒有任何作用，但消費者喜歡刷牙後的清爽感覺（一種情緒上的獎勵）。現在，大部分牙膏品牌都會這樣做。

如本書其他章節所述，暗示、慣性和獎勵並不需要經過理性思考，而且這樣實際上效果會更好。

10　要記得，習慣的養成和改變都是非常困難的事。一項2010年的研究發現，一件事平均要花連續66天的時間，才能形成一種牽涉到許多行為的日常習慣（Lally P, van Jaarsveld CHM, Potts HWW, Wardle J. 'How are habits formed: modeling habit formation in the real world', *Euro J Soc Psychol*. 2010;40:998–1009）。然而，此結果會因各人和行為而異。

想一下你的環境

　　來自環境的輕推，可以有效提升員工的動機和身心健康。在客服中心的例子中，小小的變化也可以帶來巨大的改變。辦公室牆壁顏色所帶來的影響尤其可觀。一項2018年的系統性研究發現，色彩會對情感（例如心情、情緒）、身心健康（例如壓力、舒適程度）和工作表現（例如生產力、創意）造成很大的影響。[11]

　　沒有一種顏色是最好的，因為最適合的顏色取決於工作和任務的性質。在紐約生活的澳洲學者亞當・奧特（Adam Alter）為一種常用於監獄和體育隊伍的粉紅色發明了「拘留室粉紅」（drunk tank pink）一詞。這種顏色可以讓人放鬆情緒，並具有降低睪固酮的作用。諾維奇城足球俱樂部（Norwich City Football Club）在2018至2019年的賽季期間，把客場的更衣室塗成了拘留室粉紅色，希望能藉此影響對手的表現。雖然相關不代表因果，但他們確實輕鬆成為了分區冠軍。[12]

　　澳洲全國橄欖球聯賽（NRL）的裁判也曾經抱怨，他們的粉紅色襯衫（為了配合贊助商而改變顏色）會損及他們的威嚴，因此堅持要換顏色。下次在考慮重新包裝品牌，或是辦公室準備重新裝潢時，請記住：顏色很重要。[13]

　　最近的研究還顯示，現代常見的開放式辦公室，可能無法像過去那樣促進合作、互動和生產力。一項對中國客服中心的1.6萬人所進行的研究顯示，由於噪音，分心和缺乏隱私等問題，因此在家工作的人在生產力、幸福感和願意繼續工作的意願上，比開放式辦公室中的同事高了13％。[14]另外，《財星》雜誌前500大公司中的兩間公司在從小隔間改成

11　ajbes.e-iph.co.uk/index.php/ajbes/article/view/152/pdf
12　我是他們的死對頭伊普斯威奇鎮（Ipswich Town）球隊的終身粉絲，因此我對這項特殊實驗的成功感到非常失望，在將這個例子寫進本書時也感到格外痛苦。但我內心正直的一面最後還是獲勝了。
13　我曾在推特上問了奧特這種特殊情況，他回答：「裡面可能被加了東西。」
14　www.nber.org/papers/w18871 這跟我的個人經驗不謀而合。我的工作場所包括辦公室和住家，而當我在進行卡爾．紐波特（Cal Newport）所謂的「深度工作」（即需要集中精神和運用系統二的工作）時，我發現我在家的工作效率比較高。至於需要合作或是更輕鬆的工作，則是在辦公室的效率比較高。

開放式的辦公室之後，面對面的溝通實際上減少了70%（電子郵件等虛擬溝通反而增加了）。[15]

我的同事柯恩・史梅茲（Koen Smets）在組織培訓專業人士和顧問方面擁有20多年的經驗。他在偶然的情況下成為了行為經濟學家，也是一位將行為科學應用於管理領域的才華洋溢的作家。他認為，這種干預方式應該要更加普及。

史梅茲表示：「我認為組織生活是經濟人（homo economicus）的最後堡壘。大部分組織仍然傾向使用激勵的方式促使人們去做某事，而不是像改變預設值那樣用輕推的方式去影響……開放式設計的辦公室是外部性（externality）的一個很好的例子。有人認為『好，這樣可以省下一些錢』，但他們沒有考慮過這麼做對生產力造成的影響。」

將好行為正規化，並提供正面激勵

這些輕推可以逐漸影響個人的行為，但若要有效，企業就必須讓好行為成為各團隊的常規。企業想要成功，就必須為所有人（而不是少數某些人）提供好工作。行為科學在方面也可以幫上忙。

關於社會規範的研究顯示，想要讓某行為常態化，就要讓正面行為比負面行為更突出。強調負面行為（例如向全公司發送「別做這些事」的電子郵件）可能會意外造成反效果，讓那些行為看起來很普遍。反之，企業應該把重點放在大部分做出正確行為的員工身上，並以正面的方式進行包裝，例如「99％的員工會準時交出報帳收據」。[16]

制定所有團隊成員都必須遵守的行為準則和共同價值觀（例如簽署聲明），是讓行為正規化的一種好方法。[17]在關鍵時刻提醒大家這些價值（例如在完成重要表單之前，或是在會議之前），或是把客戶服務章程貼

15　royalsocietypublishing.org/doi/full/10.1098/rstb.2017.0239
16　關於社會規範，請參閱第20頁。
17　原因是事後合理化，詳見第178頁。

在辦公室裡顯眼的地方，都是能夠有效促進良好行為的環境輕推。[18]

前面已經提過，金錢提供的動機相當差，而且會鼓勵自私行為。然而有一些創新的方法，可以利用經濟利益讓正面行為正常化，並提高人類的身心健康和生產力。沃頓商學院的教授亞當·格蘭特（Adam Grant）和吉坦德拉·辛格（Jitendra Singh）提出的一種解決方案，是根據投入工作的心力而非成果給予報酬。這是因為比起外在獎勵，人類更容易受到內在的激勵所驅動。[19]

舉例而言，如果有間公司某一年的業績不錯，我們可能會認為應該要給予所有員工相應的獎勵。然而，除非你是執行長，否則基於公司獲利能力所給予的獎金，通常很難反映出員工的貢獻多寡。反之，如果你因為這個月比上個月做出了更多小工具程式而獲得獎金，這份獎金就會因為更顯著且可掌控而帶來更強大的動機，即使公司最後必須虧本賣出（或賣不出）你寫的小工具也一樣。如露西·斯坦丁說的，你會對實現目標更有信心（自我效能）。

美國線上鞋類製造商Zappos（現為亞馬遜的一部分）用一種新穎的方式以現金挽留員工。在試用期結束後，公司不會以高額聘金的方式給予員工獎金，而是會給他們一筆可觀的資遣費（1,000美元）。亞馬遜現在已經將相同的做法擴展到物流中心的全職員工，每年提供他們高達5,000美元的離職金，同意不再為亞馬遜工作。

這種做法背後的邏輯是，對於員工來說，拒絕這筆錢表示他們真的想在那裡工作。如果心中有任何疑慮，就會造成不和諧。[20] 從亞馬遜的角度來看，這種做法長遠下來反而可以省錢，像是遲早會離開的員工的薪資、培訓及相關費用，或是聘雇新員工的開銷。這種使用經濟利益以正

18　這些是促發效應（priming effect）的例子，環境和情境因素可能會對後續行為產生潛意識效應。

19　格蘭特與辛格。這裡做法的風險是，人類可能會被激勵去實現個人目標，進而影響到集體或企業的目標，例如變得過度競爭並暗中破壞別人的心血。亞當·格蘭特在書中寫道，這是索取者（taker）的特徵。這種人獲得的個人利益比他們投注在工作中的心力還要多，給予者（giver）則相反。想要避免索取者的問題，就要獎勵群體（即工作團隊）而不是個人，並且要多聘雇給予者而不是索取者。

20　這是事後合理化的一個例子，詳見第178頁。

面方式改變行為的做法，雖然違反直覺，但非常聰明。

行為科學告訴我們，動機是一頭善變的野獸。若只是付員工更多錢，效果會非常有限。我能想到的最好比喻是風。有時候風會比較強，有些地方（有些人）風會颳得比較大。企業若能夠找出風最強的地方，並透過試管精神進行驗證，就能夠充分利用風力，在需要的時候迎風而起。這種企業能夠提供好工作，並確保正面行為成為組織內的規範。

當然，確保團隊具有動力和生產力的最佳方法之一，就是僱用有能力的人才，然後評估（並獎勵）他們的表現。在這方面，我們同樣可以從行為科學中學到很多事情，而這些就是下一章的內容。

Chapter 15

運用行為科學打造高效率團隊

找出致勝關鍵及維持成功的方法

聘雇新人：企業中最初開始採用心理學的領域

本書的第一部分提到了行為經濟學的開山始祖丹尼爾・康納曼如何發揮職業心理學家的專長，為以色列空軍飛行員的招募和評估設計出更好的流程。

過去在軍隊中，心理學家必須找出能夠扣下板機而不會造成心靈創傷的人，而目前在企業中，心理學家則將重心放在招募員工及評估工作表現上。

非軍方的雇主很快開始發現，藉由使用經過統計驗證的問卷（心理測驗），就能在壓力（稍微）較小的情況下評估應徵者，而且商業心理學家可以幫協助他們評估員工的績效、動力、福利和多樣性。工業組織心理學（I-O Psychology）已經成為一門正式的學科、一個重要的行業，也是心理學家在企業中最常扮演的角色。

英國評估設計公司Sten10的創辦人班・威廉斯（Ben Williams）[01]是使用測驗進行招募與評估的領導專家之一。他向我表示，這類工具在評估行為、動機、知識、個性和推理方面具有很強的功能，卻很少被企業採用（尤其是在聘雇高階主管的時候）。大部分企業都沒有使用這些優良的技術，而是讓偏誤和捷思法從中作梗，讓他們招募不到最優秀的人才。

01　此外，威廉斯還是商業心理學協會的主席，並且是英國心理學會的副會士。

威廉斯說：「我們的專業具有深厚的學術背景，但有些產業非常排斥這種結構化的心理評估。其中之一就是創意產業……眾所皆知，創意的概念很難衡量，而創意產業中的工作表現，在任何方面都很難評估……剛創業的公司也一樣，很多公司最初都會出於方便或根據熱情而雇用新人，因此可能從未考慮過要花錢對員工進行嚴格評估。」[02]

以對的原因，雇用對的人

有些企業（甚至是創意需求較高的公司或創業公司）決定採用經過科學驗證的測試方法，是因為評估或面試在本質上可能會對某些人不利，而且面試官（無意識的）偏誤可能也會滲透到測驗中。運用行為科學的知識，可以避免某些存在於測試中的偏誤，因為與工作能力無關的標準，而使某些人處於不利地位。

以網路為基礎的聘雇平台Applied的研究證實了這一點。Applied的執行長兼聯合創辦人是行為洞察團隊的前成員凱特·格雷茲布魯克。

格雷茲布魯克表示：「我們會使用行為科學和資料科學，提高聘雇決策的品質。這麼做不僅可以減少偏誤帶來的影響，還可以提高這些決定的預測效度（predictive validity）。」

她的做法之一，就是完全不看簡歷，而是著重於評估應徵者本身與職缺相關的特色。她表示：「光是改變看待應徵者的內容與方法，許多公司在使用我們的平台之後所錄取的人之中，有一半以上是不會被原本的方式錄取的人。若是傳統上根據履歷的篩選方式，即使這些人顯然具有職缺所需的工作技能，他們還是會被放到落榜區。從統計上來看，這些人有更高機率來自多樣化的背景。」

02　舉例來說，在我的職業生涯中，我從未在接到某一份工作前進行過任何形式的心理測驗。我所知道的廣告、行銷或媒體公司中，也沒有任何一間機構使用過那種測驗。我所做過的唯一測驗，是我在畢業後應徵一間媒體公司時的簡單數字推理測驗（詳見本書第六部分）。這項測驗看似毫無意義，因為我後來的所有工作都是在微軟的Excel軟體中完成的，但是我想那可能是為了測試我在履歷中的「數學A級」是不是捏造的成績。

在亞馬遜用人工智慧來聘雇新人的例子中，人工智慧會立刻過濾掉所有女性的履歷。如果你的演算法（或聘雇流程）會反映雇主的偏誤，這些問題都會進一步放大。作家卡洛琳・克里亞朵・佩雷茲（Caroline Criado Perez）在她的著作《被隱形的女性》（*Invisible Women*）中指出，職場的資料在整體上都對女性有所成見，包括聘雇廣告中性別偏頗的用字等，就連辦公室預設的空調溫度，也是以男性的新陳代謝為標準，因此大多數女性都會覺得太冷。除非企業有額外用心設計，否則這些無意識的偏誤，也會影響基於能力的聘雇新人的過程。本書的上一部分提過，在使用Applied平台之後，女性順利錄取科技職缺的比例提高了25％至30％。

哈佛大學教授兼行為經濟學家艾瑞絲・波內特（Iris Bohnet）在她的著作《什麼最有效》（*What Works*）中提到：「以可量化的資料和嚴格的分析取代直覺、非正式的人際網絡和傳統的捷思法，是解決性別偏誤問題的第一步。」

社會心理學的研究同樣發現，來自較高社會地位和收入背景的人，具有較強的自我效能感，因此對於自己評估他人的能力具有（過度的）自信心。這樣的背景讓他們在進入會議室之前，就已經具有先天上的優勢，而且從事高薪工作的機率比別人高出25％。[03]

特權會帶來特權，但會犧牲能力。運用外部專業知識（例如Applied等基於行為科學的工具）以及聘請專業的商業心理學家設計招募與評估的流程，可以有效以經過實證的方式消除這些偏誤，讓企業以正確的條件聘雇適合的員工。[04]

03　'The psychology of social class: How socioeconomic status impacts thought, feelings, and behavior', Antony S. R. Manstead, *British Journal of Social Psychology* (2018) 以及 'A Winning Personality: the effects of background on personality and earnings', Dr R de Vries and Dr J Rentfrow, Sutton Trust (2016)。

04　班・威廉斯和我有一個共同的經驗，而他也拿那段經驗作為選擇過程中受無意識偏誤影響的典型例子：牛津和劍橋大學的申請流程。由於我們都是在小鎮（沃金和伊普斯威奇）長大，而且是就讀私立中學的17歲男孩，因此若在都鐸王朝風格的房間內，接受穿著毛呢材質衣服的人面試，會對我們造成壓力，而且對我們來說會是完全陌生的事物。若我們去面試的學校是哈羅公校（Harrow）或伊頓公學（Eton）……應該不太可能。我應該澄清，那並不一定會對我們不利，因為我們兩人最後還是順利錄取了（班錄取牛津大學，我則是劍橋大學）。我們都認為有一

聘雇過程中出現偏誤還有一個缺點：如前所述，即使不是那麼令人不安的偏誤，仍然是不合理的產物。這些膚淺的偏誤，在預測他人的工作能力時經常會出錯。有證據顯示，很多人會在面試開始的20秒內就決定要不要聘僱某人。也有證據顯示，我們通常會認為戴眼鏡的人比較聰明、長得好看的人比較笨，而且說話帶有英格蘭中部口音的人比蘇格蘭人還要笨。

如果你來自伯明罕、長得像模特兒一樣好看，視力又正常的話，只能說祝你好運了。

露西‧史坦汀表示：「如果我想要在面試中脫穎而出，我會模仿面試官的口音，營造出一種類我效應（similar to me effect）。如果你問面試官為什麼會聘用某個人，他們會以事後合理化的方式找理由，但其實他們可能只是覺得對方很好相處而已。人類不會總是意識到自己的偏誤，但既然我們已經發現了這些偏誤，所以當我們在設計評估方法時，當然會設法解決偏誤帶來的問題。我們現在已經可以使用人工智慧評估關鍵字、語氣、猶豫、信心和知識，並以更理性及客觀的方式進行評估，而不是靠猜測。」

如本書的最後部分將提到的其他業務決策，透過新技術和公正的資料去除偏誤和雜訊，可以提升聘雇到適合人選的機率。這種做法還可以讓聘雇過程變得更有效率。

凱特‧格雷茲布魯克表示：「我們發現，如果把所有花的時間加在一起，就相當於必須查看約三倍份量的履歷，才能雇用到（與使用 Applied 的工具相比之下）相同數量的高品質應徵者。這種做法可以節省大量時間……我們在做的，其實就是把更好的人才預測指標帶到面試的第一階段，因此後續的每個階段都有更高的機會能找出適合的應徵者。我們的一些客戶在與過去相同的聘雇流程中，開始能夠雇用到比以前高出兩到三倍的人才……還有些客戶索性放棄了整個聘雇流程，因為我們會與他

部分原因，是因為我們的面試官都是相對年輕的人，而不是身穿毛呢材質衣服的老人，因此讓我們感到輕鬆許多。

們合作，確認每個階段的預測效度……這表示企業在聘雇人員時，不再需要花好幾個小時的時間去搜集應徵者的相關資料。」

評估潛力，預測成功

若企業能夠專注於讓人在工作上表現更好的資料和特徵（並忽略其他事物），就能更有效評估潛在的績效。舉例而言，體育界在開始使用資料評估和預測未來表現之後，變得與過去截然不同。球探和教練在評估球員時的偏誤被去除了，而收購運動員的風險（通常牽涉到數百萬英鎊）也被降到了最低。在體育界，競爭優勢（獲勝）是唯一重要的事，因此會帶來有形且驚人的成果。[05]

2012年，我到坎培拉舉行的一次政府交流會議上發表演說，而專題演講的講者是《推出你的影響力》的共同作者——哈佛大學教授凱斯·桑思坦。為了說明推力為美國政府帶來的高效率，桑思坦以電影《魔球》（*Moneyball*）做為比喻。麥可·路易士在《魔球》這本書和電影中，精彩描述了奧克蘭運動家棒球隊如何在21世紀初取得超高成就，並描述球隊如何在面對聯盟中最低薪資預算的情況下保持競爭力。

桑思坦的投影片標題為「證據，而不是直覺」。他引述了書中的一段話，那是奧克蘭隊總經理比利·比恩（Billy Beane）在挑戰球探挑選球員（打擊手）的眼光時所說的話。[06]

比利說：「我唯一的意見就是，如果他是個厲害的打擊手，為什麼不表現得好一點？」

05　值得一提的是，體育心理學家也對體壇整體帶來了巨大的影響。舉例而言，英格蘭足球代表隊在聘請了新的經理蓋瑞斯·索斯蓋特（Gareth Southgate）後，徹底改頭換面了。根據報導，索斯蓋特會關心球員的身心健康和球場表現，並聘請了心理學家成為球隊的一分子。球隊甚至會使用心理測驗，選出最適合的球員進行罰球。最後，英格蘭足球代表隊打破了從未贏得過世界盃比賽的記錄，一路打進了2018年的準決賽。我和許多其他球迷一樣，對於實力不如其他隊友的艾瑞克·戴爾（Eric Dier）在關鍵時刻的射門感到萬分驚訝。但是他在巨大的壓力下，卻非常冷靜自在，甚至在2019年的歐洲足球國家聯賽中再次上演驚人的表現。他至今仍是必勝客重金禮聘的廣告代言人。

06　比恩可說是這個故事中的英雄，這角色在電影中是由布萊德·彼特（Brad Pitt）所飾演。

「老球探總會一直說『這傢伙體格很好』或『這傢伙可能是選秀中身材最好的一個』，但每次他們那樣說時，比利都會說『我們又不是在賣牛仔褲』，然後把另一個受球探們喜愛且高度吹捧的球員，放進他的黑名單中。」[07]

和企業中的面試官一樣，球探也具有根深蒂固的偏誤，因此會把重心放在無關緊要的標準（例如身材）上，而不是擊球能力上。[08]哈佛大學經濟系畢業生暨資料專家比恩利用了保羅·迪波德斯塔（Paul DePodesta）的技巧，利用市場的非理性特徵而取得被低估（且非常規）的球員，並獲得競爭優勢。

現在，全球各種體育競賽的隊伍都採用了這種方法。利物浦足球俱樂部（Liverpool Football Club）之所以能夠在2019年歐洲冠軍聯賽取勝，在某種程度上可以歸功於複雜分析。他們的研究主任伊恩·格拉罕（Ian Graham）在決策時扮演了重要角色，於是球隊聘請了喜怒無常的經紀人尤爾根·克洛普（Jurgen Klopp）以及莫·薩拉（Mo Salah）與菲利普·庫蒂尼奧（Phillippe Coutinho）等明星球員。[09]

這些例子說明了該如何在企業中和體壇上成功進行預測。使用（不受偏誤影響的）證據，而不是直覺。把重心放在正確的指標上，並忽略其他事物。擁抱多元，而不是害怕多元。

露西·史坦汀表示：「長期以來，我們在聘雇人員上的做法都非常糟糕。目前最好的做法，以及目前能夠期望的最好結果，就是預期只有三分之一的機會能夠雇用到優秀人才。那是因為最擅長進行評估與預測的

07　*Moneyball*, Lewis M., Norton (2003)。

08　不是只有棒球才這樣。任何領域都能發現許多明顯是人才的人，正因為這些偏誤的力量而被埋沒。現在隸屬托特納姆熱刺隊（Tottenham Hotspur）的英格蘭國際足球員哈里·凱恩（Harry Kane）在不到25歲時就因為在2018年世界盃足球賽進球數最多而贏得了金靴獎、兩度成為足球超級聯賽的最佳射手、創下獲得最多英超每月最佳球員的紀錄，而且擁有英超史上最高的進球率（每場0.7球）。然而，這位年輕球員卻接連被兵工廠（理由是因為他「有點胖」且「不夠精壯」）、熱刺和瓦特福隊拒絕了，後來熱刺隊才給了他第二次機會。如記者吉姆·懷特（Jim White）所述：「他在現有的制度中很難在一開始就引人注目，因為他個頭不大而且並不特別敏捷，而這兩個是栽培年輕球員時相當被看重的因素。」

09　www.nytimes.com/2019/05/22/magazine/soccer-data-liverpool.html

人，通常會從事相關的行業，而不是從事聘雇的人資工作。」

史坦汀還表示，傳統的錄取與面試方法，會產生完全錯誤的期望，並且預測效果不佳。「一般來說，我們都是先約會，才結婚。先看房子，才買房子。我們在找工作時，時常碰到不是聘雇專家的人在擔任面試官，接著事後經常覺得是自己找錯工作或是做了錯誤的期待。這個問題可以透過一些方法解決，例如實習制、學徒制，以及不再把重心放在招募18歲、21歲、或剛畢業的新鮮人。如果看一下人口趨勢，就會發現成長都是較年長的員工帶來的。聘雇方式已經到了該大幅改革的時候了，而心理學可以成為很好的指引。」

如果我們判斷人才的能力就是這麼差，而聘用到不適任員工的成本這麼高[10]，我們是不是應該盡可能使用任何派得上用場的工具，增加成功的機會呢？是不是也應該用該死的科學解決聘雇的問題？

試管精神招募法

只要和商業心理學家交談，對話中通常都會充滿各種術語，例如表面效度，選擇法和信度。除了展現專業知識之外，這也是因為到處都是偽科學。

由於「人生教練」和「健康顧問」這類頭銜如雨後春筍般出現，因此真正擁有資格和專業知識的人，會希望與這種人有所區別（就像全科醫生不會想和推廣順勢療法的人被當成同一類人）。邁爾斯－布里格斯性格分類法（MBTI）這類工具可以把人分成幾種原型，例如是否仰賴直觀（即「思考型」或「感覺型」）等。雖然這類方法的效度時常遭到質疑，但多年來仍廣為企業所用。

10　上一章提到，亞馬遜等企業採用工作夥伴的模式，而不是僱用全職員工的一個原因，是因為他們能夠以最低成本隨意進行聘雇和解僱。這種方法也讓他們可以透過淘汰的方式除去僱用到的不適任員工。除了道德問題，以及政府正在立法禁止他們繼續這麼做之外，這種做法與從一開始就設計一個良好的聘雇流程完全相反，就只是一種徹頭徹尾低效率的聘雇方式。

我曾經有幸與評估界的先驅彼得・薩維爾（Peter Saville）教授[11]交談。他經常被譽為現代職業心理統計學（psychometrics）的開山始祖。薩維爾在自家車庫裡成立了SHL人才評測公司，後來以2.4億英鎊在倫敦證券交易所上市。《世界心理學選集》（*The World Anthology of Psychology*）將薩維爾譽為「當代最有影響力的心理學家之一」。

　　薩維爾表示：「最初的邁爾斯－布里格斯性格分類法（Myers Briggs）會告訴受試者『如果你不喜歡這個類型，就自己選一個喜歡的類型』。那是邁爾斯和布里格斯為了替大學生提供就職建議所設計的服務。然而，很多人會到處說『我是INTJ型，我是這樣，我是那樣。』……雖然那個測驗只是用來建議職業選擇，我還是認為那種工具應該要具有一定的建設性和經驗效度。否則，乾脆直接用星座就好了……我不是很喜歡分類的概念。就算是在同一天替同樣的人進行同一份測驗，結果也會完全不同。」

　　然而，這方法還是比使用人類直覺和猜測（以及隨之而來的偏誤）還要好。薩維爾說，有充分的證據顯示，讓人自己選擇類型的做法，實際上效果很好。但如果企業希望能普及試管精神，就必須使用可靠的技巧和資料、從測試和聘雇的流程中去除偏誤並從中學習。這麼做可以為每個參與的人員帶來更好的結果。

只有培訓是不夠的

　　光是讓別人察覺到無意識的偏誤，卻沒有改變對方的行為，就無法將偏誤從流程中去除。這樣不僅無法聘雇到合適的人，而且會很危險，因為若企業的聘用方針（例如亞馬遜的人工智慧）本身就具有偏誤，無論是否出於你的本意，只要被證實你因為這些偏誤而雇用或沒有雇用他們，你就很可能會違反法律。

　　凱特・格雷茲布魯克表示：「根據估計，在美國，光是美國公司每年

11　在彼得・薩維爾教授於2018年商業心理學協會會議的主題演講之後，我和協會委員會成員蓋博・加拉西（Gab Galassi）一起為我們的廣播節目採訪了教授。

就會花費約80億美元進行關於無意識偏誤或多樣性的培訓。關於無意識偏誤和多樣性的培訓，往往可以提高大家對這些議題的認識和參與程度，而這一點非常重要。不幸的是，當他們對實際決策過程進行測試，例如即將做出的決策是否會與三個月前做出的決策有所不同時，沒有太多證據顯示那些培訓課程在實質上對行為造成了影響……我覺得，我們常對培訓成果抱持太高的期望。根據定義，這些無意識的偏誤是無意識的……在意識到偏誤的存在後，應該要搭配工具，才可以幫助我們在日常生活中做出最佳選擇。」[12]

事實證明，在聘雇過程中運用這些工具，比只有培訓還要有效得多。在一個著名的實驗中，某個交響樂團發現，若採取「只聞其聲，不見其人」的圍幕甄選方式，女性音樂家雀屏中選的機率就會增加50％，大大提升了女性受聘的比例。[13] 在法國，篩選履歷時必須以匿名方式進行（也就是隱藏姓名和年齡），藉此避免針對特定族群的偏誤。文字和語言都帶有潛在含義，並且會因此影響行為。

格雷茲布魯克表示：「我們的工具有一個重要的功能，就是會標示出某些特別的用字，然後顯示出其他性別中立的同義詞。這方法可以確保你不會因為一時疏忽，而偏頗特定性別的應徵者。也有證據顯示，職缺敘述（job requirement）若是過長，可能會在無意中篩選應徵者。例如研究發現，女性比較不願意申請職缺敘述太長的工作。確切來說，女性通常會滿足90％以上的條件時才願意應徵，但男性只要有60％就願意冒險。」[14]

12　英國的平等及人權委員會（Equality and Human Rights Commission）於2018年一份關於無意識偏誤訓練（UBT）有效性的研究報告顯示：「關於無意識偏誤訓練能否有效改變行為的證據相當有限……當訓練參與者接觸到暗示刻板印象和偏誤不可能改變的訊息時，可能會產生反作用。」warwick.ac.uk/services/ldc/researchers/resource_bank/unconscious_bias/ub_an_assessment_of_evidence_for_effectiveness.pdf

13　Claudia Goldin and Cecilia Rouse, 'Orchestrating Impartiality: The Impact of 'Blind' Auditions on Female Musicians', *American Economic Review 90* (2000): 715–741。有趣的是，為了真正進行盲測，除了必須在評審和音樂家之間以布幕遮擋，音樂家還必須脫掉鞋子，因為他們的鞋子踩在舞台實木地板上的聲音，有可能會透露出他們的性別。我常常好奇知名的選秀節目《美國好聲音》（The Voice）的靈感是不是來自這些實驗。在節目中，名人評審背對想要成為歌手的人，唯有肯定對方的歌唱能力時，才能轉身看到他們。我認為節目的賣點之一，就是以這種方式挑戰評審的成見和偏誤。

14　與一般看法相反，格雷茲布魯克認為，這現象並非完全是因為男女之間的信心差距所造成，並表示：「也許女性相信，若這份工作列出了十個要求，實際上就是有這十個要求。如果沒有滿足

多元對事業有好處

除了招募與評估過程中的偏誤會帶來道德風險外，缺乏多樣性也可能會造成不利影響。

越來越多證據顯示，團隊越多元，表現就越好。詳細而言，多元的觀點和意見（即認知多樣性）容易對傳統觀點存疑並降低確認偏誤（見下文）的風險，因此具有更強的實驗性及成長型思維。如本書第一部分所述，發展試管精神是理解和運用行為科學的關鍵，而行為科學是事業成功的關鍵。

若團隊成員只會說「遵命，先生」（主管階級通常都是男人），就會扼殺創意、創造出保守的決策文化並限制各種實驗。一個在思想、背景和方法上更加多樣化的團隊，比較有可能想出反直覺的解決方案，並發掘出人類行為中的不合理性之處。

麥肯錫公司在2015年進行了一項名為《多樣性至關重要》（Diversity Matters）的研究，對加拿大、拉丁美洲、英國和美國不同行業共366間上市公司的資料進行調查。研究發現，種族和族群最多元的前四分之一的公司中，財務報酬超過各自國家中位數的機率比其他公司高出35％，而性別最多元的前四分之一的公司則高出15％。

多樣性不僅對公司有益，而且與直覺相反的是，反而還可以促進團隊之間的和諧、同理心、身心健康及留職率。

班‧威廉斯表示：「我們比較容易喜歡和自己相像的人。當然，那會導致團隊中缺乏多樣性。如果有人因為家庭或宗教因素，下班後沒辦法一起出去喝酒，或是工作進度趕不上同事，他可能就會因為無法融入而決定離開。」

這些條件，可能就會無法成功。然而，男人比較可能會把這十個要求，當作是公司希望擁有的『紫色獨角獸』，也就是大家都想要擁有，但大多數人深知不可能得到的東西。」

1951年，達特茅斯大學和普林斯頓大學之間，進行了一場美式足球比賽。由於雙方長期是死對頭，因此這成為了一場惡名昭彰的暴力比賽，兩支球隊的四分衛最後都住院了。

後來，哈斯托夫（Hastorf）和坎特里爾（Cantril）兩位心理學教授，決定看兩支球隊的球迷對這場比賽的看法有何不同。他們讓兩邊共324位球迷觀看比賽畫面，然後請他們紀錄兩支球隊的犯規次數。普林斯頓球迷「看到」達特茅斯球員犯規的次數，是達特茅斯球迷的兩倍。

他們得到的結論是：「唯有在某些部分符合某個人的目標時，那場比賽對他來說才存在，而且他才能夠體驗那場比賽。白話來說，這表示我們會在潛意識中，透過自己的假設、信念和社會聯想等濾鏡去感受各種事件。」

這項實驗非常有名，證明我們會傾向重視或尋找能夠符合我們既有想法的訊息。這個現象又稱為確認偏誤（confirmation bias）。體育競賽只是一個比較明顯的例子。若裁判對我們支持的隊伍做出有爭議的判決，我們就會覺得他有成見，但如果做出有利的判決，我們就會覺得他是一個好裁判。

近年來，社群媒體將這種效果帶到了前所未有的新境界。我們會透過選擇朋友或關注的對象創造出同溫層。我們會與觀點和我們接近的人建立更多聯繫，因此我們只會獲得與既有想法相符的訊息。

這種做法會過濾掉其他觀點，因此我們可能會在無法參考其他意見的偏頗情況下做出決策，而我們的成見也會因此更加根深蒂固。有人認為，這現象會讓人再也無法以合理的方式辯論政治議題，而且會因為既有的成見不斷加強，導致全球出現各種民粹主義運動。

與確認偏誤相關的一個後果是沉沒成本謬誤（sunk-cost fallacy），

又稱為承諾升級（escalation of commitment）：就算已經有證據顯示某件事繼續進行下去是錯誤決定，人類卻會因為先前的承諾或已經投入的資源，而堅持繼續採取同樣的行動。[15] 這現象在會議中，可能會被包裝成「我們這裡都是這樣做的」或「已經來不及改變了」等句子。套句俗話，我們會說是「把錢浪費在賠本生意上」。

在企業中，確認偏誤可能會在對訊息或資料進行優先排序時發生，因而會把符合既有行動或想法的訊息排在首位，並把與之相反卻較好的證據或觀點排在末位。確認偏誤會妨礙創新、實驗和發現新事物的能力，是固定型思維（而非成長型思維）的特徵。

我至今仍清楚記得，我在衛生部門工作時曾經遇過這種情況。在2007年的一場會議中，我曾經建議其他活動團隊針對新的行動方案進行測試。

然而，有一位已經在同一個職位上工作了30年的同事，卻以有點不耐煩的口吻回答我：「我們早就在1982年試過了，那沒用。」

打造心理安全感

《為什麼我們這樣生活，那樣工作？》及《為什麼這樣工作會快、準、好》（*Smarter, Faster, Better*）的作者查爾斯‧杜希格曾經對Google一個代號為「亞里斯多德」的計畫進行了研究。亞里斯多德計畫檢視了數百個Google團隊的資料，以找出為何有些人慘遭失敗，有些人則平步青雲。Google一直以來都是在未經驗證的情況下，盲目以傳統智慧管理員工（例如最好把性格內向的人湊在一起），但他們希望從評估個人表現，轉向研究讓團隊成功的關鍵因素。正如杜希格所說：「一間公司若想要超越競爭對手，不只需要影響員工的工作方式，還要影響他們的合作方式。」

---

15 在撰寫本書時（2019年初），英國政府的脫歐政策正在取代經常被引述的美國政府於越戰期間的政策，成為新的經典範例。

Google的人事部門會研究任何資料，例如某些人聚餐的頻率，以及表現最佳的幾位主管擁有哪些共同特質等。他們發現，厲害的團隊都會有兩種行為：每一位成員的發言比例大致相同（輪流交談），以及善於理解其他團隊成員的感受（即同理心）。這些能力會提升團隊的整體智力和表現，而且比單一成員的智力高低更重要。[16]

　　這些行為反映出了所謂的心理安全感。哈佛商學院的教授艾美・艾德蒙森（Amy Edmondson）將心理安全感這種團體文化定義為「一種共同信念，團隊成員會認為人際間的冒險行為是安全的」。艾德蒙森在1999年發表的研究中寫道，心理安全感是「一種信心，讓組織成員相信自己不會因為發表某個想法，而遭到羞辱、排擠或懲罰」，以及「一種以人際信任和相互尊重為特徵的團隊氣氛，每個團員都可以自在做自己」。[17]

　　一言以蔽之，認知多樣性是好東西。Google的資料顯示，心理安全感對團隊合作而言相當重要。

　　想要在企業中推廣成長型思維和試管精神，就一定要營造心理安全的環境。如果沒有容許失敗的空間，或是禁止員工提出反直覺及古怪的想法（行為科學帶來的經常是這類想法），就不可能提出能夠用來測試的假說。科學需要創意，才能夠產生新的假說，而認知多樣性和心理安全感則可以促進創意發展。否則，企業就只能一次又一次地測試相同的事物，而且無法提出競爭對手想不到的新想法。

　　當我在為澳洲政府帶領溝通策略團隊時，我每週會把所有階級的員工聚集起來，進行集思廣益的腦力激盪活動。每個人每個月至少強制參加一次。[18] 雖然成員的年紀差距不大（我當年34歲，是最年長的人之一），

16　有趣的是，上述的社會地位研究還發現，社經地位較低的人往往更善解人意，並且會更積極聆聽。因此，我們可以假設這些規範在由社經地位較低的成員組成的團隊中會更加自然。

17　web.mit.edu/curhan/www/docs/Articles/15341_Readings/Group_Performance/Edmondson%20 Psychological%20safety.pdf

18　大家之所以會出席，還有一個不那麼純粹的動機：我的妻子每週都會為這些會議烘烤美味的蛋糕。

但我們反映了雪梨（和澳洲）多樣的人種組成：在30多名員工中，共有17個不同的國籍。[19]

這些會議有一些簡單的規則，確保對話能夠順利並且對彼此有同理心，因為在討論創意想法時，對話和同理心是非常重要的兩個元素。這方法之所以特別有效，是因為現場有非常多元的意見和想法、大量的創意點子，以及逐漸創造出的心理安全企業文化。這做法對於增進團隊感情、同事之間的好感和合作效果都帶來非常好的影響。[20]這種聚會漸漸變得非常重要，因此無論面對怎樣的外在壓力，我們都會確保每週舉辦，而且其他團隊也開始採用了同樣的做法。[21]本書第二部分提到的獲獎無數的「越界」活動，就是這些腦力激盪的直接產物。

相較之下，如果缺乏多樣性和心理安全感，就會與思考和行動方式相同的人一起工作，因此會受到相同的偏誤影響並產生共識效應，也就是會假設每個人都有同樣的想法。在本書的第六部分中，將會舉例說明這種共識效應對行銷產業的危害。

如杜希格所述：「矛盾之處在於，Google在收集大量資料和分析大量數字後，得到的結論卻是優秀主管一直以來都知道的事。在最好的團隊中，成員會彼此傾聽，並對其他人的感受和需求相當敏銳……亞里斯多德計畫提醒我們，當公司試圖把一切最佳化時，有時容易忘記成功通常取決於經驗，例如情緒互動、複雜的對話，以及討論人生目標和對其他同事的感受等交流，而這些經驗沒辦法被最佳化。」[22]

---

19 我傑出的朋友暨同事，澳洲最大的跨文化行銷公司負責人吳勝（Thang Ngo）發現了這一點，並致力在公司內維持這種多樣性。根據2016年的資料，29%的澳洲人口是在海外出生（澳洲統計局）。

20 當然，當我們在為政府工作時，政府的各種簡報也幫了我們大忙。我們可能某一週要處理氣候變遷的問題、下一週是徵稅問題，再下一週是道路安全問題，這些不是一般人能夠經手的議題。

21 我離開後，他們選擇保留這種活動，並由當時的初階主管克里斯・寇特（Chris Colter）擔任負責人。寇特目前是澳洲品牌顧問公司「行動」（Initiative）的策略總監。

22 這幾句話摘自杜希格在《紐約時報》上的一篇相關文章，而這篇文章改寫自他的著作《為什麼這樣工作會快、準、好》。www.nytimes.com/2016/02/28/magazine/what-google-learned-from-its-quest-to-build-the-perfect-team.html?module=inline

想要聘雇人才並正確評估工作表現，就必須先了解行為，因為這些事情都牽涉到人類，而人類一定會帶有情緒和偏誤。

　　人類不是靠生產力驅動的超級理性機器人。

Chapter 16

職場中的行為科學

你該怎麼做？

在本書的第四部分，我們知道行為科學可以幫助企業了解如何讓人類員工發揮實力，讓他們透過以下方法，面對產業日益自動化所帶來的挑戰、提升工作表現（幹勁和成效）、在團隊中鼓勵正面行為，並更有效招募新人及評估成效：

- 證明最不可能自動化的工作，具有更堅強的心理基礎；

- 定義什麼才是好的（意即能夠自我激勵的）工作，因為高薪並不足以彌補惡劣的工作環境，而且未來人類也不見得必須為了生存和幸福而工作；

- 了解不好的工作（薪水低、工時長、對身心有害）也會對工作表現、留任員工和公司獲利方面造成負面影響；

- 證明自主性、社會規範和環境因素，比僅僅靠金錢更能夠影響動機和成效；

- 若僅靠未經驗證的方法或培訓就進行招募與評估，常會因為人類的行為偏誤，而採用不相關的標準去招募或評估他人。

若希望在職場上有效利用行為科學以獲得成長，就必須宣導試管精神，以在招募、評估、獎勵和激勵員工方面找出最有效的做法，並透過以下方式，設計出最有效的工作場所和環境：

- 認識到管理階層有責任提供好的工作，並樹立正面行為的榜樣；

- 確保使用客觀且經過驗證的方法及工具進行招募；

- 使用客觀的資料及嚴格的流程，並擁抱多樣性，才能夠在招募與評估時留住人才；

- 以小心而有創意的方式提供獎金（例如獎勵集體而非個人），並打造出能夠鼓勵員工自主、人際互動及正面行為的理想工作場所；

- 宣導心理安全性和認知多樣性的觀念、以更公平的方式招募並推行試管精神，以刺激創意和新發明。

Part 5

行為科學與客戶

人類實際上的購買行為不是關心、討論或參與，
而是減少複雜性、減少選項，
並做出更容易且夠好的決定。

Chapter 17

事後合理化的危險之處

行為科學告訴你，大部分的市場調查都充滿瑕疵

美國總統辦公室與媒體辦公室

公司的員工不是史巴克（或機器人），客戶也不是。行為科學可協助企業更清楚理解人們如何及為何購買產品或服務，因為購買行為可能與其他商業領域一樣不合理。

當我們在為英國及澳洲政府規劃戒菸運動時（詳見本書第一部分），我們對吸菸者進行了許多實驗，藉此了解最能有效說服他們戒菸的方法。我們經常問他們為何繼續吸菸，而在大多數情況下，他們都知道也認為吸菸對他們有害。[01]

大量科學證據顯示，吸菸會增加罹患肺癌、心臟病和肺氣腫等致命疾病的風險，大部分吸菸者都不會否認這個事實。然而，雖然理智上知道他們的習慣是慢性自殺，但他們還是持續吸菸。[02]

我在引言中已經提過，我為何開始對影響人類行為的非理性、隱藏的驅力產生興趣。同樣令人著迷的是，人們會設法解釋自己繼續吸菸的原因，並為自己的吸菸習慣辯護，而不是直接承認是因為意志力不足或者因為戒菸很難。

01　在澳洲，97%的吸菸者知道吸菸至少會帶來一些危害（資料來源：澳洲國家預防保健局）。

02　不過大多數吸菸者都曾經試著至少戒一次菸。根據加拿大從2016年開始對1277名吸菸者進行的一項研究顯示，每一位吸菸者平均需要嘗試戒菸30次才能成功（bmjopen.bmj.com/content/6/6/e011045）。

我當面聽過吸菸者因為許多不同原因而堅持吸菸，例如：

「我都在戶外抽，所以沒有危害到別人。」
「時間到了我就會戒掉。」
「這個值得冒險。」
「我就是喜歡。反正失去的只是人生盡頭的悲慘歲月。」

以及其他各種理由。

吸菸者說出這些理由，是為了讓自己（和其他人）對自己的吸菸習慣感覺良好。他們是事後合理化主義者：當他們理性知道自己的習慣對健康有害時，就會用不合邏輯的理由來合理化自己的習慣。這種做法可以避免認知失調，也就是意識到自己的思想和行為不一致時的不適感。

我並不是說吸菸者有意識在說謊。他們顯然是真的相信那些原因。因為他們的潛意識在說服他們，讓他們以為自己的行為是正確的，而且違背了所有的理性邏輯。

吸菸只是其中一個例子。人類經常透過各種方式虛構事實或反事實（counterfactual），藉此解釋自己的行為。理查‧尚頓在他的著作《我就知道你會買》中提到，英國曾在2010年對1.5萬名受試者進行全國性態度與生活習慣調查（NATSAL），結果發現異性戀女性平均聲稱自己有8個性伴侶，異性戀男性則平均聲稱有12個。這數字在邏輯上是不可能的，而這種情況很有可能是因為某些人（多為男性）回答的數字太高，以及／或是某些人（多為女性）回答的數字過低。[03]

《好人總是自以為是》（*The Righteous Mind*）的作者強納森‧海德特（Jonathan Haidt）表示，邏輯式的系統二會認為自己是美國總統的橢圓辦公室，但實際上只不過是普通的新聞辦公室。

眾所周知，在人類的決策過程中，本能又自動的系統一實際上佔了很

03　有些差異也可能是因為男人和女人對性的定義不同而引起。然而，假設研究人員有為受試者提供清楚的定義，這表示男女對合理化後的感知和記憶特徵（memory characteristic）有所不同。

大的比重，而運作較慢、懂得反思的系統二，似乎經常想把功勞搶走。

研究會說話

事後合理化在消費者研究中，會以各種方式現身。我曾看過數不清的品牌追蹤量化研究報告顯示，電視是廣告回想度最高的媒體（也就是讓人對廣告留下最深刻印象的媒體），但那些廣告商已經很多年沒有使用電視打廣告了，甚至根本沒用過。

在以焦點團體或一對一訪談的方式進行質性研究時，各種偏誤都有可能影響結果。鄧肯・史密斯（Duncan Smith）是市場調查機構「思想實驗室」（MindLab）的醫學博士，他擅長以隱性技術發掘這些偏誤。

史密斯表示，這種研究方法「在別人根本不在乎你的問題時，或是他們在合理化之後變得毫無邏輯可言的時候特別實用。例如，當你問別人對漂白劑瓶身的不同包裝有何看法時，沒有人會在乎這種問題。當你在焦點團體中問這個問題，然後某人用煞有其事的口吻說出一個意見時，其他人都會接受那個意見，因為大家根本就沒有任何想法。」

難以置信的是，消費者居然會在這種情況下刻意事後合理化自己的想法。正如史密斯所說，除了行銷人員之外，沒有人會在乎自己最近一次看到的奶油廣告是不是在電視上播出的。當我們被問到這類問題時，我們可能會隱約記得曾經看到那則廣告。接著，為了讓自己相信自己記憶力很好（如果這點符合我們的自我形象的話），我們就會認定自己曾經在電視上看過那則廣告，因為電視具有最高的心智顯著性（請參閱第24頁）。我們也可能被其他人堅定的意見所影響，尤其是當那些人具有某種權威時（關於權威偏誤，請參閱第85頁）。

事後合理化是傳統市場調查的一大特徵，因為人類記憶的通常都不可靠。大部分市場調查都會要求客戶說明自己曾經做過的事情（聲稱的行為），而不是問當下或未來的決定，但我們所記得的原因通常是不準確的，因此會受到偏誤影響。

問題在於，我們的大腦無法分辨真實記憶和虛假記憶。我們都曾經因為明明一起經歷過某件事，大家記得的細節卻有所出入，而與朋友或親戚爭執不休。當遇到能夠證明我們記錯的證據（例如照片）時，會產生一種不和諧的感覺，而這種感覺會令人感到非常不安，因此我們會本能地去避免這種感覺。

這不僅是市場調查的問題。舉例來說，讓人清楚回想起過去做過的行為，對執法部門來說也是一個重要的挑戰。刑事案件通常會取決於兩個（或多個）人對某個事件的回憶，尤其是在缺乏觀察行為（例如監視器畫面）或鑑識資料的情況下。[04] 茱莉亞．肖（Julia Shaw）博士是倫敦大學學院的心理及記憶科學家，她已經花了超過十年的時間，研究警察盤查與情緒記憶相關主題。她認為記憶是「我們為了理解自己的生活，而告訴自己的故事」。

由於人類就連對這種重要事件的記憶都會有所缺失，因此要人們解釋或回憶起更平凡的行為（例如最近在商店中買了什麼）就會成為研究方法中的重大缺陷。

人類不擅長預測未來

同理，人類在預測未來時，也很容易受到偏誤影響。本書的第三部分提過，人類與機器人不同，我們會根據少量資料進行預測性的決策，然後使用捷思法和偏誤來判斷這些選擇的結果。事實上，我們大多時候已經做出了最佳的猜測，因為我們既沒有時間也沒有能力整理所有可以蒐集到的資訊。若這些捷思法和偏誤在很大程度上是潛意識的、容易出錯的，或者只是雜訊，我們就會難以準確預測未來。

因此，我們經常會預測自己將來的行為會更周全、更理性（也就是更接近史巴克，而不是荷馬），但事實往往不是如此。所有曾經為自己每

04　鑑識科學（尤其是DNA研究）最近之所以能在犯罪學方面取得突破，部分原因是因為鑑識結果提供了比證人的證詞更可靠、更客觀的證據。由於本章所提到的一些原因，人類的證詞通常極為不可靠。

個月的支出做過預算的人，都會發現這個現象。在行為科學中，這現象可以透過意圖／行動差距（intention-action gap）、樂觀偏誤（optimism bias）和規劃謬誤（planning fallacy）等概念來解釋（請參見下文）。

因此，假如企業只依靠消費者對未來的預測進行決策，就會面臨巨大的風險，因為每一位消費者的預測都會受到偏誤影響。將這些偏誤乘以搜集來的成千上萬的樣本，這些預測等同於沒有意義。這解釋了為什麼就算已經通過市場調查，確定有足夠的人打算購買，但每年仍有數千種產品最後以失敗收場。

舉例而言，三一鏡報集團（Trinity Mirror）在2016年推出了《新日報》（New Day），這份報紙的內容都經過廣泛研究證實，而且專門報導樂觀、正面又政治中立的新聞。然而，《新日報》最後卻不到三個月就吹熄燈號了。

三一鏡報執行長賽門・福克斯（Simon Fox）表示：「到頭來，消費者說他們會做的事情，與他們實際所做的事情是不同的。」[05]

在研究中失敗的新產品卻在真實世界中成功，通常也是出於相同的原因。在本書的第二部分中已經提過，基於消費者資料的計量經濟學模型，曾經對亞馬遜付費會員服務的成敗做出了錯誤的預測。同理，紅牛能量飲料（Red Bull）曾經是市場調查中有史以來表現最差的產品之一。消費者覺得味道很噁心。正如羅里・薩特蘭所說，為什麼有人會想要買容量比可樂少，價格卻貴三倍的難喝汽水？

截至2017年，紅牛在全球能量飲料中佔有最高的市佔率，一年可以賣出63億罐。

---

05 www.cityam.com/trinity-mirror-boss-new-day-newspaper-failed-because/

在撰寫本文時[06]，政府剛好宣布原本計劃於2026年底啟用的HS2鐵路計畫（倫敦和西密德蘭郡之間的高速鐵路），可能要再延後五年才能正式完工。這項工程的成本也從620億英鎊，增加到了810億英鎊至880億英鎊之間。[07]

倫敦的新東西向橫貫鐵路（Crossrail）最初預估耗資154億英鎊，並預計於2018年12月啟用。然而到了2018年，政府又宣布要追加14億英鎊，並延後至2020年底或2021年初才能啟用。[08]

不是只有英國會在規劃基礎建設時滑鐵盧。柏林在經過將近15年的規劃後，於2006年開始布蘭登堡（Brandenberg）的機場建設工程，並預定於2011年啟用，結果這座機場到了2020年都尚未啟用，很有可能要到2021年才會落成。[09]

這類重大計畫（投資了數十億美元，並聚集地球上最屬害的工程師）之中，許多都會超過原先估計的時間和支出。康納曼和特沃斯基認為，這現象通常是規劃謬誤所致：我們對於將來完成某任務所需時間的預測，容易受到樂觀偏誤所影響，因此常會低估所需時間。在這類大型計畫中，每一個成員的小偏誤，累積起來會產生巨大的影響力，並因此大大低估了所需的成本與資源。

樂觀偏誤讓我們相信，與別人相比，負面事件發生在自己身上的機率比較低。在本章中，我們早已看到了一個經典的例子：吸菸者往往認為他們染上吸菸相關疾病的機率比別人低，而且覺得自己戒菸的過程一定會比別人順利，而這樣的心態，最後就成了遲遲不戒煙的理由。

當我們在進行規劃時，常常忽略了潛在的意外，以及這些意外發生

06　2019年9月。
07　www.bbc.co.uk/news/business-49563549
08　www.bbc.co.uk/news/uk-england-london-48054789
09　www.bbc.co.uk/news/world-48527308

的可能性。這就是為什麼在月底時，戶頭裡的錢總比我們預期中來得少的緣故，也是我們對未來行為的預測經常失準的原因之一。不是只有從事工程的人員要記住這點。任何計畫都有可能會受到這種偏誤影響。因此，許多企業都會有偶發費用的制度，藉此應對這種現象。

這件事再次證明，人類和機器人不同，無法完美預測未來。

傳統市場調查的角色

由於人類會在事後合理化自己的行為，加上我們的預測能力很差，這是否代表所有傳統的市場調查方法都沒有用？

李・考德威爾是非理性顧問公司的共同創辦人，專門使用更隱性的知識，找出影響決策的非意識因素。

考德威爾認為傳統調查方法的價值在於「既便宜又容易」，並表示：「消費者對自己購買可能性的預測，大約有50％會與自己的實際購買行為相符。因此，若競爭對手因為有更好的方法而獲得了70％的準確度，表示你的表現會很差。如果你準備投資50億歐元，打造一個全新的汽車品牌，是否值得為了省下一萬歐元，而採用便宜但不準確的市場調查方法，並讓自己陷入劣勢？假如有方法能有70％至80％的機率正確預測結果，這方法絕對值得你多投資一點錢。」

話雖如此，50％的準確率還是遠比毫無資料好。因此，若企業希望了解消費者更有意識影響決策的系統二驅力，傳統的市場調查還是可以提供有用的資料。另外，採用複雜的詢問和研究技術、盡可能縮短預測與行為之間的時間，或是複製出進行決策時的情境，都可以將聲稱的行為中的偏誤和不準確之處降到最低。

提出更好的問題，就會得到更好的答案。因此，務必要讓調查人員熟悉行為偏誤的相關知識。

鄧肯‧史密斯向我解釋，這種矛盾中實際上有其價值，因為這說明了情境的重要性。他說：「這些年來我們在思想實驗室工作時，發現想要改變別人對研究的看法，其實是非常困難的一件事。因為，我們基本上是在（用溫和的語氣）對別人說，你們一直以來的做法是錯的。這不是一個很好的開啟話題方式。我認為這類隱性或直覺的方式，應該是為了要去補充人們所說的話。當兩者說得通的時候，就會產生非常好的調查結果。當你發現人們所說的話和他們所做的事情之間，也就是我們隱性和顯性的發現之間彼此矛盾時，這件事有時候會嚇到別人，因為他們會覺得是自己的研究模型出錯了，但那其實是在解釋情境。」

　　理查‧尚頓認為，這種情況必須使用不同（且多種）方法，並表示：「所有的方法都不完美，重點是要知道每個方法的缺點是什麼，然後混合起來使用。」

　　憑證據而不是憑直覺，是試管精神中非常重要的一環。企業若不想要受到事後合理化所害，因而做出預測錯誤的市場調查，就不該再**要求消費者解釋自己的行為**，或至少別再把別人聲稱的行為，當作唯一或最優先的參考資料。

　　在可能的情況下，最好能夠輔以實際觀察到的行為資料（如本書第二部分所提到，21世紀最成功的企業都這麼做），並使用針對潛意識的隱性影響的預測方法。比起全盤相信人們告訴你的話，使用其他技術去了解真正影響客戶的因素，才能獲得巨大的競爭優勢。

　　接下來的章節將說明，如何使用更複雜的研究工具和技術，使企業更清楚了解系統一如何在內心深處影響客戶的決策。

Chapter 18

潛意識聯想的重要性
了解人們在網路上和實體商店中購物的原因

潛意識聯想為何重要？

此刻你可能在想：如果人類大部分的行為，都是受到潛意識的因素所影響，而這類影響無法透過與人交談而得知，為什麼我們還要對客戶進行研究？試管精神不就是一直做實驗，看哪些事物在真實情境中有效而已嗎？

這是一個非常好的問題。如前所述，Google 和亞馬遜等公司都是這樣做。然而，這些企業具有一些先天的優勢，例如多達數十億個有關實際行為的可靠資料，以及相對簡單且同質性高的產品。到頭來，每個人使用Google和亞馬遜的經驗都大同小異：輸入搜尋，然後獲得一堆結果[01]，而這些結果可能（或可能不會）吸引你點擊或購買。

舉例而言，洗髮精等快速消費品（FMCG）的品牌，就沒有這種福利。這類產品可以在許多實體零售店、網站和情境進行販售，而且可以具有許多不同的組合、功能和系列。同理，例如報價軟體等企業對企業（B2B）產品，可能會經由許多供應商、仲介和管道，賣給許多種類的企業。

許多變數會影響購買這類品牌的決策，有些是有意識的，有些則是無意識的。此外，每一次做決定的情境都會有所不同。他們是為自己，還

01　當然，這段話只適用於Google的搜索引擎功能。Google的母公司「字母公司」（Alphabet）涉足多種產品和服務，例如Google文件、地圖、語音助理等。

是為家人買洗髮精？對方的企業是小型的獨資經營，還是對方準備為數千名員工購買軟體？在進行測試或觀察時，很難單獨控制這些變數。

在這些情況下，由於涉及的管道和變數很多，因此在真實情境中進行測試會非常複雜且昂貴。所以，在為新的產品、服務設計和其他重要投資做決定之前，即使只是決定要對哪些事物進行測試，也必須先了解實際上是哪些因素影響了購買的決定，否則就只是依靠臆測在行事。

與人工智慧和機器學習工具的情況一樣，如果想要讓預測機器更厲害，就需要更好的訓練資料。前一章提到，直接詢問客戶所獲得的資料，通常只能解釋有意識的系統二決策。眾所皆知，大部分的購買決策，實際上是由許多潛意識的聯想所驅動。企業該如何得知客戶在做決定時腦中在想什麼，並降低推出新產品和服務時的風險？

潛意識聯想如何影響我們的購買方式？

幸運的是，由於行為科學和科技不斷進步，因此我們現在能夠更清楚理解會在潛意識中影響決策的驅力，並因此習得影響他人行為的能力。

下一章將提到這些新科技和方法的一些示例。這些例子證明，只要再現出決策時的真實情境，並複製出客戶在做出購買決策時所經歷的思維過程，就可以發掘出隱藏的影響因素，而且這些因素無法透過詢問客人就找出來。

首先，我們必須知道根據行為科學的研究發現，我們應該要如何看待客戶。換言之，民眾通常如何及為何會選擇購買某些產品和服務，而不是其他選擇。

這裡有一個快速的實驗可以證明這一點。你是否曾經去過一個你不懂（或略懂的）語言的國家，然後必須去那裡的超市買東西？[02] 這很困難，對吧？當我們不認得任何品牌，也看不懂產品描述時，就會失去決策時

02　感謝BBH顧問公司的湯姆・羅奇（Tom Roach），他在推特上的發文為該實驗帶來了莫大的幫助。

的重要參考依據，因此幾乎不可能知道該買哪個東西才能滿足需求。在Google 翻譯發明之前，你可能必須搖動包裝盒、往裡面偷看，或是用鼻子聞聞看，才能夠確保買到的是糖而不是鹽（反之亦然）。

當我與《到底哪裡出錯了》的作者伊恩‧普里查德對談時，我們聊到了第一次搬到澳洲時的故事（伊恩來自蘇格蘭亞伯丁）。即使是看得懂的語言，購買正確的產品也非常困難，通常必須不斷在錯誤中嘗試，或靠社會認同來解決。[03]

普里查德說：「我老婆曾經派我去買洗衣粉。我到超市後，整個嚇傻了。我不知道該怎麼辦。我從來沒聽過這些牌子。於是我心想『我要在這裡等一下，看別人買了什麼，我再跟著買』。」

在英國，只要一走進超市，就會立刻接收到大量訊息和符號，試圖影響消費者的決策。這些訊息包括品牌名稱、產品走道說明等，就連簡單的顏色都會有所暗示（例如標示出超市的自有品牌等）。如果這些資訊吸引了我們的注意，並引發了正確的聯想，我們就很有可能購買。

這些聯想大部分都是潛意識的，因此若能了解這些聯想，就可以在事業上影響或改變它們。比較容易浮上心頭，或是心智上容易獲得的訊息[04]，影響力就會比較高（尤其是對於更本能的系統一決策來說）。

本書的下一部分將提到，行為科學和市場行銷學的研究已經證實，提升品牌聯想性是行銷的最主要目的。但這不是建立品牌聯想的唯一方法。你必須了解影響購買決策的心智結構（或不同決策標準的優先次序），才能知道要在哪些地方集中火力。

可想而知，我們在職場和家裡都一樣缺乏理性

你可能會認為可口可樂或蘋果等知名的品牌也是如此。這些品牌多年來花費了數十億美元，為它們的產品建立了強大的潛意識聯想。

03　關於社會認同詳見第20頁。
04　請參閱第24頁。

若你從事的是B2B領域，或者擁有全新而鮮為人知的小眾產品，你可能會認為你的產品與那些品牌沒有任何關聯，或是認為購買決策主要受到功利且系統二的因素所支配，例如相對價格（與類似產品相較之下有多貴）、感知價值（以該價格所獲得的價值）或產品主要功能。然而，你真的確定這些決策比較接近史巴克，而不是荷馬？

如果你的職務需要向其他企業進行推銷，你可能也會認為，以更理性且線性的方式行銷會更有效，因為你面對的客戶會比較理性，並認為由於企業中的決策者是企業的代表，花的不是自己的錢，因此必須基於更客觀的系統二標準做決定。

然而，證據再次顯示，事實並非如此。畢竟大部分的採購決定，仍然是由人類所做出的選擇。由企業執行委員會公司（CEB，現為顧能集團）與Google共同進行的一項研究顯示，在橫跨36個品牌及7個部門的3000名B2B決策者中，個人價值（即專業性、社會性、情感性和自我形象利益）的重要性是商業價值（即功能性利益和業務成果）的兩倍。

該研究在結論中表示：「在B2B採購上，情緒不只很重要，而且比邏輯和理性更重要。這項發現可以讓行銷人員著眼於一個潛在的機會，圍繞個人價值重新定位品牌。」[05]

鄧肯・史密斯也同意這點。他認為：「當我們在一個普遍被認為更理性的產業中工作時，例如B2B而不是B2C產業，大家總因為我們是在職場上而不是在家裡做決定，就因此認為我們不會犯下一般人類會犯的錯。這其實是非常荒謬的想法。藥師或醫生也一樣。我們做過很多非常昂貴的研究，就只是因為有人想問腫瘤科醫生，藍色是否比黃色更顯眼。但這不是腫瘤學家的問題。這是人類的問題。」

05　www.cebglobal.com/content/dam/cebglobal/us/EN/best-practices-decision-support/marketing-communications/pdfs/promotion-emotion-whitepaper-full.pdf 'From Promotion to Emotion: Connecting B2B Customers to Brands'，CEB Marketing Leadership Council in partnership with Google (2013)。

城市中充滿了荷馬

Turtl公司非常了解這一點。這間新創公司利用行為科學和心理學方面的知識，讓商業出版品脫胎換骨。Turtl會將企業中冗長、乏味且沒有人讀的紙本文件，轉換成更容易分享及付諸行動的線上文件。這個平台會蒐集誰正在閱讀什麼內容，以及讀者關心的章節和主題等資料，客戶包括思科（Cisco）、安聯（Allianz）與《經濟學人》（The Economist）等公司。Turtl的企業使命是「消滅PDF檔案」。

Turtl的創辦人尼克·梅森表示：「我們的工作，是鼓勵人們重新看待閱讀和讀者。不是每個人都希望閱讀所有內容，也不是每個人都希望以同樣的順序閱讀所有內容。我們為閱讀內容、閱讀時間和閱讀機會提供了更多選擇，滿足讀者對於閱讀的內在動機。」

「許多客戶會向我們反映：『我好喜歡這種格式，我真的很喜歡這樣閱讀。』一直以來，B2B中都有一個現象，就是當你穿上西裝時，別人就會覺得你很嚴肅，而且突然間你將不再是人類，而是變成了一台機器。但我們想要告訴大家，事實不是如此，而且實際上反而更容易受到情緒影響。我們所做的，就只是試著利用視覺、動畫和過場等技術和呈現方式來幫助人們，讓他們獲得比平常在公司讀到的東西更精美一點的版本。」

即使決策會像在金融市場一樣牽涉到大筆金額，人類也同樣會有不理性、事後合理化和情緒化的問題。荷馬既是核電廠員工，也是城市中的每一位上班族。

顧問諮詢網站Mindmafia.com和顧問公司Behave London的創辦人漢娜·路易士（Hannah Lewis）向我介紹了一個計畫，內容是關於大型金融機構的財務受託人不願在決策中，納入環保、社會和公司治理等永續投資（ESG）元素的原因。除了參考別人的說法，她還進行了更深入研究，最後發現了更豐富且更真實的資訊來源。

路易士表示：「他們不願意進行永續投資的理由，完全是出於財政因

素。他們會說『那沒有證據』、『這只是一時流行』等。我們以此為基礎進行了測試，分別提供和不提供相關資訊。我們最後發現，雖然整個產業都在使用 ESG 這個標準的稱呼，但還是有25％的受託人根本不知道這個縮寫的意思。他們不同意進行永續投資的原因，其實是因為他們不想承認自己無知。」

人類就算在商業情境中，也會和一般生活情境中一樣，像荷馬般情緒化且不理性，甚至更嚴重。本書的上一部分提到過，這會對我們在工作場所中的行為造成影響。當我們在為企業進行採購決策時，捷思法和偏誤會使我們以行為確保能夠將聲譽和財務上的風險降到最低（即規避損失）。

業務決策涉及相當大的個人和專業風險，因此在某種程度上，我們會盡可能降低災難發生的可能性。若只是買錯洗髮精的品牌，幾乎沒有後果可言。但是若做出錯誤的商業決策，則可能會失去工作、收入和房產。風險如此之高，難怪商業決策會是一種感性而非理性的決定。

國際商業機器公司（IBM）有一個用了很久的廣告標語「沒有人會因為購買 IBM 產品而被解僱」，這個標語巧妙抓住了企業採購的損失規避心理。

我也可以無恥地把這句話改成有關消費者研究的版本：「沒有人會因為詢問其他人的想法而被解僱。」

把重心放在追求滿意的人，而非追求完美的人身上

無論在企業或任何地方，每當我們面臨多種選擇時（由於我們的短期記憶力，因此通常會有六種以上可供選擇），就會和大部分購物選擇一樣受到選擇悖論所影響。[06]當我們在外國超市時，由於沒辦法從上千個選項中縮小選擇的範圍，因此不可能做出任何選擇，因為造成災難的風險會很高（例如想買鹽卻買到糖）。即使我們具有能夠縮小選擇範圍的知

06　請參閱第66頁。

識和聯想，我們在大部分決策中，還是會在潛意識中以快速而輕鬆的方式尋找夠好的商品。

理查·尚頓表示：「如果有人在洗髮精的走道上花了一個小時分析價格和預期效用，你可能會認為那個人是瘋子。最明智的做法，就是買最受歡迎的、在電視上看到過的，或是在腦海中浮現的那個產品。因為如果你買最受歡迎的品牌，雖然可能不是客觀上最完美的選擇，但也不太可能會差到哪裡去。」

「許多行為科學和社會心理學研究都顯示，人類在選擇時的目標，通常不是要最大化潛在利益，而是要將風險降到最低。」

另一個與客戶相關的發現是，若某個產品或服務能夠讓選擇的過程變得輕鬆，就會讓客戶變得更忠誠。這點和本書第二部分中談到的尖牙公司的做法不謀而合。舉例而言，自從史瓦茲的《選擇的悖論》問世以來，網路上開始出現大量例如comparethemarket、uSwitch和GoCompare等聚合網站。這些比價網站讓使用者能夠根據價格、產品特徵和利益等簡單（實用）的排序方式，在銀行、保險、日用品和旅遊等商品類別中以更客觀的系統二標準做出夠好的選擇。

在英國，這類網站的成長非常驚人，從15年前完全不存在，到現在Moneysupermarket的價值已經超過10億英鎊。[07]這些網站除了廣告本身很有趣之外，人們似乎也非常信賴這些網站，覺得它們是消費者的好夥伴，並且讓複雜的現代生活變得更簡單了。[08]像是金融服務公司，就很難像comparethemarket.com那樣，以可愛的俄羅斯貓鼬激起民眾的好感。

一旦像這樣以低利率和低知識的決策購買商品後，只要這些商品沒有太差，大部分人通常會樂意持續購買既有的產品或服務。舉例而言，英國人對某間銀行忠誠的時間，平均比他們的婚姻更長。[09]我們的慣性偏誤

07 www.telegraph.co.uk/finance/personalfinance/10894742/Are-price-comparison-websites-too-powerful.html

08 不過前述文章也提到，在某些情況下，他們也會特別推銷某些產品，並且大部分都不是獨家商品。

09 www.theguardian.com/money/2013/sep/07/switching-banks-seven-day

（因損失規避和根深蒂固的習慣而產生）會讓我們難以改變行為，這也是許多新產品失敗的原因。

相較之下，若某人對某個領域所擁有的專業知識和興趣越多，就越可能想要追求完美，而且會想要更多選擇（而不是更少選擇）。在前述的果醬實驗中，這在果醬專家之間起了相反的效果，因為他們會想要越多選擇越好。追求完美的人會傾向於貨比三家，因為他們會積極尋找最佳選擇。但矛盾的是，這表示他們的長期價值較低，因為一旦有人提供更好的產品或服務，他們就會再次變心。[10]

問題是，安排推出哪些產品種類或服務項目的人，很可能是該領域的專家，因此會假設大部分消費者都和他一樣想要許多選擇。

例如在我家附近的電器行中，貨架上擺滿了各種烤麵包機。不同顏色、品牌、尺寸和價格，總共超過20種選擇。之所以會有這麼多選擇，是因為零售業者具有專業知識，知道這些產品之間的差別，因此認為這樣會增加消費者找到喜歡的商品的機會。

但是我和大部分客戶一樣，不是烤麵包機的專家。我只想要一台符合簡單標準的烤麵包機：能夠在不把房子燒掉的情況下把麵包烤好。在這種情況下買烤麵包機是一個難題，因此我很可能會離開商店，然後上網買下亞馬遜的熱門推薦款。烤麵包機和大部分商品一樣，追求滿意的人會多於追求完美的人。

因此，企業應該專注於研究如何影響只追求滿意的人，而不是追求完美者的購買選擇。追求滿意者可能只是認為你的品牌夠好。你的商品只是在認知上比較容易買到，而不是在客觀上比競爭對手的品質更好。然而，追求滿意的人數較多，而且若你的事業越成功，他們也會越忠誠。

而且，長期來說，這兩個因素都會讓你的生意更有利可圖。[11]

10　第22章將提到一種為了最佳利益而不斷換銀行存錢的人。
11　本書的下一部分將詳述此概念，並與輕度使用者進行比較。

幫客戶做出簡單且夠好的決定

當客戶在選擇要買哪個商品時，做決策時的情境會受到一些無意識因素所影響。中立的選擇設計並不存在。光是做簡單的選擇，就會引發許多我們沒有意識到的系統一偏誤和捷思法。

從事行為科學事業，代表能夠了解：客戶的購買決策，取決於產品或服務的無意識（和有意識）的聯想。若某個商品能夠在認知上最容易買到，並能夠將錯誤選擇的感知風險降到最低，就更有可能被購買（無論是追求完美還是追求滿意者）。目前已知在大部分情況下，客戶非常樂於成為追求滿意者並選擇夠好的選項，因為大部分人只有在極少數情況下，才會願意花時間做出最好的選擇。

由於現在每種商品都有太多選擇，意味著實在不值得耗費這麼多心力去比較。

大部分消費者真正渴望的，其實是更簡單的選擇。例如我們以前的一位客戶（一間領先的全國性報紙）曾經在網站上提供超過120種不同的訂閱方案。當我們把數量減少到8種時，他們的銷售額成長了近5%。

追求完美必須消耗認知心力，但因為人類不喜歡動腦，因此會盡可能避免這麼做。最後，我們最常購買的，就是具有最高心智顯著性，且能夠滿足關鍵標準（無論是理性還是感性標準）的產品。

伊恩・普里查德在他的著作《到底哪裡出錯了》中，簡要總結了從行為科學看待購買行為的見解，以及這些見解對於行銷的啟示：「我們所面對的消費者，不會花太多時間挑選品牌、購物前幾乎不會進行任何評估，就連他們使用和喜歡的品牌在他們日常生活中的其他事情面前，也都只是微不足道的瑣事。」

「人類實際上的購買行為不是關心、討論或參與，而是減少複雜性、減少選項，並做出更容易且夠好的決定。」

「我們的工作就只是讓品牌受到關注，在適當的時候被想起來，然後被消費者購買。」

根據這些關於購物決策的研究所得，我們需要新的方法來理解到底怎麼做才能讓民眾關注和記住品牌和產品，以及與這些決策相關的心智結構（即決策標準）。這些就是下一章的主題。

Chapter 19

獲得有利的見解

能夠更清楚理解客戶的技巧和工具

還原情境

本書的第五部分已經提到，想要了解客戶無意識的系統一決策標準，需要更複雜的技巧，不能只是請客戶解釋或預測自己的行為。其中一種做法就是把重心放在實際行為，而不是聲稱的行為上，例如研究過去的資料，或是盡可能複製出相同的情境並進行臨場實驗（發揮試管精神）。

本書還提到了許多例子，說明情境在決策中的重要性。基本歸因謬誤（fundamental attribution error，請見197頁）可說是社會心理學對行為科學的最重要貢獻，因為這理論證明我們經常會低估情境的重要性。就算是使用比較傳統的研究方法，只要能夠準確再現出決策時的情境，也可以更清楚理解情境對行為的影響。

就了解採買時的選擇而言，這可能表示必須重新創造出具體的情境。PRS IN VIVO是一間消費者調查機構，除了在商店中研究消費者之外，他們還研發出了一套消費者研究工具ShopperLabs，可以完整呈現出真實商店中走道、收銀台和告示牌等樣貌。

與實地研究相比，這種實驗室研究的優勢在於，在模擬情境中更改變數（貨架配置、更改商標等）會容易許多，因此更容易實現試管精神，也就是不斷實驗與學習。

利用更複雜的技術將真實世界的情境準確再現，可以獲得非常多資訊。PRS IN VIVO在使用ShopperLabs時，經常會同時使用眼動追蹤眼

鏡[01]，藉此研究人們都在看哪裡，以及哪些東西會吸引他們的注意力。受試者會被給予一些指示或任務（例如購買購物清單上的商品），以反映真實生活中的情境，而不是隨便讓他們在店裡漫無目的遊蕩。[02]

艾瑞克·辛格勒（Eric Singler）是BVA集團（PRS IN VIVO母公司）的總裁，也是BVA輕推小組的創辦人。他已經在全球進行了超過25年的相關研究。

他認為在實驗情境中加入現實要素非常重要，並表示：「現實感越強，大力倡導實地調查的研究人員就越無話可說。如果實驗室模擬的情境與真實生活非常相近，得出的結果就應該能夠預測真實生活的結果……另一方面，如果實驗室中的情境與做決定的自然情境相去甚遠（除了物理環境之外，還包括能否讓受試者產生與真實環境中相同的心態），可能就無法產生相同的結果。」[03]

無論超市裡能不能買到你的商品，都可以進行這種反映真實情境的實驗，因為這種做法不需要龐大的樣本數和預算。

理查·尚頓表示：「只要達成四個條件，就可以靠簡單的現場實驗做到很多事情。第一，必須創造出與購買情境盡可能相似的情境。第二，必須確保受試者不知道自己正在參與實驗，因此表現才會自然。第三，除了你要測試的一個項目之外，其他變數都必須維持相同。第四，必須擁有一個合理且具有代表性的樣本，因為樣本的代表性高低，比數量多寡更重要……如果你不需要百分之百確定的答案，而且測試的是效果相當大的效應，你只需要幾百個樣本就可以獲得成果。許多經典的心理學實驗，都是在50個或60個樣本的情況下完成。」

---

01 這種眼鏡裡會有微型攝影機，可以讓研究人員隨時觀察受試者的目光。因此，研究人員可以看到受試者正在看什麼、看哪個位置，以及看了多久。由於人類所接收的資訊中，大部分都會在潛意識中處理，因此這種做法在評估顯著性時非常實用（請參閱第24頁）。然而，這種做法的缺點，就是受試者會清楚意識到自己正在參與研究，因此可能會觸發霍桑效應（Hawthorne Effect，社會科學實驗的受試者因為知道自己正在參與實驗，而對實驗結果造成影響的現象）。

02 我的同事泰德·尤托夫特（Ted Utoft）是PRS IN VIVO的資深實驗主管，他說研究對象在實驗室時，經常會進入系統一模式，因此當他們完成購物任務，帶著滿滿的籃子或手推車到收銀台時，常常會潛意識準備付錢然後把商品帶回家！

03 艾瑞克·辛格勒著，《輕推行銷》（Nudge Marketing，暫譯）。Pearson出版，2015。

基本歸因謬誤

來做一個思想實驗：假如你要在下午2點面試某個人，但是當時間到的時候，被面試的人卻毫無蹤影。你等了一陣子，對方卻依舊沒有現身。最終，對方終於在2點27分時抵達了，看起來有點慌亂和落魄。

對方表示：「我很抱歉。火車卡在隧道裡一個小時，電話都沒有訊號，所以我沒辦法通知你我會遲到。當我抵達車站時，那裡剛好都沒有計程車，所以我必須自己叫車。等到我有時間用手機的時候，我已經快到了。」

你願意給這個人工作嗎？

上面沒有提到任何關於那個人的技能、能力或工作經驗的資訊。但這樣的第一印象很差，對吧？誰能保證這樣的事情不會一再發生？誰知道這個人是不是慣性會遲到，或是多年以來運氣都很差？如果今天是一場重要的會議或演講，那該怎麼辦？

但是，回頭看看對方遲到的原因，就會發現一切都不是他的錯。你可能會覺得，他應該要預留更多時間並早點出門。然而，如果火車準時，他原本會提早半小時就抵達。如果認為這些因素與他的工作能力有關，就是完全不合理的想法。

這是一個基本歸因謬誤的例子：當某件事往往是因為外部因素而引起時，人類卻會傾向將行為歸因於先天的人格特質或性格。簡而言之，我們常會覺得別人的行為反映了他們的為人。在上述例子中，我們會認為對方會遲到，是因為他不夠尊重或在乎我們，或是對那個職位不夠感興趣。[04]

在一個經典的實驗中，瓊斯和哈里斯（1967）讓一群杜克大學的學

04　在此情況下，代表性捷思法（請參閱第26頁）也會讓我們以一個例子來反映整體趨勢，並將這趨勢與應徵者的人格缺陷劃上等號。

生閱讀一場關於古巴領導人卡斯楚（Fidel Castro）的辯論會中，正方和反方的逐字稿。當他們告訴學生，擔任正反方是由辯士本人自行選擇時，學生根據邏輯都認為那反映了辯士的立場。

但是，當他們告訴學生，擔任正反方是由指導老師分配時，你猜學生的反應如何？答案是，即使知道這點，學生仍然相信辯士所說的話就代表本人的立場。人們似乎就是認為「對啦，我知道他們不是自願說那些話的，但我還是認為他們在心裡是真的相信自己所說的話。」[05]

我在研究同事、客戶、消費者和一般人的行為時，我發現基本歸因謬誤非常實用，而且非常具有教育意義。此外，基本歸因謬誤還有助於培養同理心。如果一個表現始終亮眼的同事，突然失去對工作的熱情和興趣，不太可能是因為他在一夜之間成為了爛員工。

本書常提到，行為科學的一個重要發現，就是情境對於行為的重要性，而基本歸因謬誤則時常會讓我們忘了這件事。

知道你的產品是否能夠引起注意

同理，如果能夠重新創造出（潛在）客戶接收到訊息時的情境，也能更有效評估行銷為改變行為所帶來的影響（即確保產品被關注、記住和購買）。麥克・弗雷特（Mike Follett）是醫學博士及流明研究機構（Lumen Research）的共同創辦人，擅長使用眼動追蹤技術評估行銷成果。他認為行銷的目的是要「搞清楚大家在看什麼，以及他們忽略了什麼」。

他們使用眼動追蹤技術，研究人類在情境中接收到廣告資訊時的真實反應。這方法與傳統且不真實的焦點團體法（例如在一個充滿陌生人的房間裡一起吃披薩）與量化研究法（例如在餐桌上寫問卷）截然不同。

---

05 Jones, E. E.; Harris, V. A., (1967). 'The attribution of attitudes', *Journal of Experimental Social Psychology*, 3 (1): 1–24。

在他們的研究中，受試者會在自己的電腦或手機上接受刺激，研究人員則透過手機內建的鏡頭觀察受試者在看哪裡，因此不需要使用眼動追蹤眼鏡。[06]這種方法可以產生大量且具有代表性的樣本。

想要評估數位廣告的成效時，只要先請受試者允許研究人員存取鏡頭畫面，就可以像平時一樣使用手機。接著，研究人員會在相關情境中向受試者展示廣告，並以匿名方式紀錄受試者的反應。至於其他類型廣告的測試方法，可以例如把電視廣告穿插在一般電視節目之間，或是使用看似一般出門旅遊的紀錄影片（例如走在街道上的時候，以數位方式置入相關廣告）。這種接觸到行銷手法的情境比較真實，因為受試者在家裡會比較放鬆，並且可以在沒有外部影響（例如其他焦點團體成員）的情況下，在其他廣告和內容之間看到待測試的廣告。流明研究機構已據此方式收集了大量資料，並為各行業及管道建立了測試基準。

這些資料顯示，吸引注意（而不只是互動）對於行銷效果而言非常重要。這句話讀起來人人皆懂，卻經常會被遺忘。根據一些估計，成年人平均每天會收到3000多種不同的訊息，而絕大部分都會被忽略。如果廣告沒有吸引注意，就無法改變行為，因此能否在情境中脫穎而出（即是否具有顯著性）是關鍵。

弗雷特表示：「沒有威脅性、無聊或沒用的東西，就容易被忽略。人類其實不擅長忽略事物，只有身邊實在有太多東西可以讓人忽略了……我們利用眼動追蹤來預測可能的注意程度。結果發現，一般來說，與看不見的廣告相比，人類比較會注意肉眼能看見的廣告，而且廣告在視線內停留的時間越長，就越可能被看見。我們可以利用這些資料，為過去和未來做出預測。」

流明研究機構在為客戶英國天然氣公司（British Gas）服務時，發現這種「預測性注意」模式是線上廣告的成功關鍵：注意力不只能帶來點擊，還有銷售。他們接著將這項作法與購買數位媒體的策略結合，讓英

---

06 這方法使用了臉部辨識技術，以確認受試者的視線在螢幕上的位置。這項技術必須先得到受試者的授權才能執行，而且會在實驗結束後自動刪除，因此不會侵犯受試者的隱私。

國天然氣公司可以將花費集中在能夠吸引注意力的線上廣告（即有效的廣告）而不是在觸及範圍上（即廣告觸及的人數，這是出於成本考量）。

弗雷特表示：「壞消息是，我們讓他們的每千次曝光成本（CPM）提高了54％，因為我們最後讓他們選擇了比較昂貴的媒體。但好消息是，銷售額成長了239％，且投資報酬率介於10到13倍之間。因此，這種吸引注意力的做法非常有效。」

潛意識聯想：了解人們的真實想法

這些方法可以讓企業在決策情境中測試改變所帶來的影響，例如改變產品放在架上的位置，或是改變廣告的位置等，進而把重心放在如何更有效吸引大眾的注意。但是，在引起了客戶的注意後，該如何了解他們的真正想法？該如何確切知道有哪些隱性、無意識且情緒性的因素，會影響他們購買（或不購買）決定？因此，我們還需要更多檢測隱性動機的方法。

我們不必真的切開客戶的腦袋，就可以做到這件事。許多以神經科學為基礎的研究方法，會為人類大腦中發生的事情與行為找出關聯。然而，這類研究方式的證據仍存在爭議，而且是非常昂貴的技術。

此外，當我們可以根據實際行為評估結果時，為什麼需要中間人呢？

鄧肯・史密斯表示：「有很多簡單的方式，可以不必在別人的頭上接滿電線，就得知對方的想法。老實說，使用EEG[07]等醫療設備所獲得的資訊並不是特別有用，只會告訴你受試者在思考上的困難程度、是否及何時正在集中注意，以及他們的思緒是『滿的』還是『空的』，但這些無法帶來太多幫助。我們也會在實驗室中使用以心理學為基礎的工具，並使用稱為內隱測驗的方式，試著更清楚了解人類如何做出決策。」

---

07 腦波儀（EEG）是一種醫療設備，會將電極接合至頭皮上，並透過追蹤和記錄腦波的方式，測量大腦中的電氣活動。當然，想必發明出這項技術的人，絕對沒想過這有一天居然會被用來找出哪個品牌的洋芋片比較受歡迎。

內隱關聯測驗（Implicit Association Test, IAT）是一種方法論，旨在透過向受試者提供基於單字或圖像的排序任務找出自動關聯，並記錄受試者的反應速度以及反應本身。根據這項理論，較快的反應表示更內隱（即潛意識、系統一）的決策。

其中最著名的，是由哈佛進行的內隱關聯測驗[08]。這項測驗會根據種族、性別或年齡，評估受試者是否具有無意識的偏誤。舉例來說，實驗人員會請受試者將正面及負面的詞彙，與黑人的臉或白人的臉的照片進行聯想與配對。雖然這項測試引起了一些爭議[09]，但毫無疑問的是，這方法可以讓我們更清楚認識基於本能的決策過程。

史密斯表示：「一個真正內隱的研究，不會要求受試者做出任何決定，而是會研究他們做出某些決定時的表現。純粹的內隱關聯測驗非常有用。受試者無法作弊，因為我們會在一秒內看出來。大部分內隱測驗都是以反應速度為基礎……我們不會再往受試者頭上黏電線了。我們只會評估受試者的直覺反應，因為這種本能的反應驅動的行為數目，實際上超出了我們的想像。」

像本章中介紹的所有方法一樣，內隱關聯測驗相對便宜，因此就算是預算有限的小型企業也可以進行。數位平台讓內隱研究能夠以快速又大規模的方式進行。當我在奧美時，我們會使用由 Tinder 應用程式所發布的功能，運用行動裝置進行內隱研究。受試者只需要向左或向右滑動，就可以將單字或圖片進行分類。我們曾經在某次工作中，請一個委員會的所有成員使用這項功能，藉此研究他們是否在本能上知道該將哪些物品放入哪個回收箱中，例如當螢幕上出現牛奶盒的圖片時，向左滑是丟到塑膠回收箱，向右滑是丟到紙類回收箱。反應速度及反應本身，會顯示出受試者是否本能上早已知道這件事。畢竟，大部分的人不會整天花很多時間思考關於資源回收的事。

08　這可以在網路上免費進行：implicit.harvard.edu/implicit。

09　爭議在於此方法的可複製性（有證據顯示，相同的受試者會在不同時間做出不同結果），以及潛意識偏誤本身的性質。

舉例而言，哈佛的內隱關聯測驗通常會被用在培訓計劃中，藉此讓員工和組織發現自己對於多樣性抱有一些成見。但如前一部分所提到，幾乎沒有證據顯示，光是讓某個人知道自己可能具有年齡歧視、性別歧視或種族歧視，對方就會改變自己的行為。畢竟，這些都是無意識的偏誤。

除了這些複雜、內隱且由科技所驅動的技巧之外，其實還有其他簡單、快速和便宜的方式，可以認識這些在無意識中影響行為的驅力。[10]

稍早提過的傑森・史密斯是社群媒體資料代理商 Blurrt 的共同創辦人暨前執行長，他向我解釋了他們如何運用研究結果去理解情緒反應，也就是所謂的情感分析（sentiment analysis）。

他表示：「我們有一項產品可以即時收集社群媒體的貼文，然後我們會分析其中的情感和情緒，並在儀表板上顯示分析結果。有一個品牌在行銷時，把所有心力都集中在電視廣告上。他們在換了新的創意指導後，推出了一個似乎有點爭議的廣告。他們說，若是以傳統方式調查這個廣告是否有效，必須要花 10 天左右的時間，但因為他們對新廣告感到有點緊張，所以想要快一點得到成果。他們的執行長可以在登入之後看到我們的儀表板以及來自社群媒體的即時反饋，藉此了解民眾對這支廣告的看法以及他們的感受……」

「他們會把儀表板的畫面用辦公室裡的螢幕播出來，這樣就能夠隨時看到民眾對自家品牌的情緒反應。接著，他們會將這些資訊用於製作廣告的創意過程，然後再次觀察民眾的反應。我認為從品牌角度來看，

10　李・考德威爾的理論認為，我們的購買決策會涉及系統三，而只有透過這些方法才能看出系統三的存在。他認為系統三代表人類的想像力，以及我們對於未來購買時所預測的感覺。他說：「你可以使用系統二進行預期和預測，但這並不能告訴我們這些預測的價值，也沒辦法帶來效用函數。系統一也沒辦法，因為這純粹是出於本能。系統三是市場調查的強大工具，因為例如當消費者在想像一輛汽車時，他們是在運用想像力創造並模擬駕駛那輛汽車的經驗。身為市場調查人員和汽車製造商，我們會想要知道，他們是如何做到的？他們如何在頭腦中形塑這輛車？而我們該如何讓他們想像中的汽車變得更迷人，藉此讓他們買下真正的汽車？當他們在進行想像時，我們該怎麼進行溝通，才能有助於他們想像？他們對這世界的心理模型是什麼模樣？那種市場調查方式，是要想辦法理解客戶想像中的畫面，然後測試我以不同方式描述汽車，以及以不同版本講述與汽車相關的故事時的結果。」

這是一個突破性的做法。無論在評估廣告成效方面，或是在形塑廣告方面，都帶來了一些非常有趣的見解。」

預防事後合理化並改善預測：觀察行為

最能有效預測未來行為（進而讓事業成功）的方法，就是檢視過去的行為。本書的第二部分提過，數位企業龍頭每天會透過上千次的實驗觀察使用者的實際行為。亞馬遜擁有數十億個關於客戶消費資訊的資料點。Google知道每一位使用者在搜尋什麼，因此不必出門當面詢問。Netflix知道你看了什麼影片，而臉書知道你對什麼事物感興趣。與相同規模的公司相比，尖牙公司在傳統市場調查上的花費可說是微乎其微。

你可能會認為，那對數位巨獸來說是一件好事，但是非數位企業或是沒有相同規模的資源和資料的企業該怎麼辦？好消息是，獲得目標受眾的行為資料，沒有你想像中那麼困難或昂貴。本章所介紹的技巧，是任何想要推行試管精神，並且希望了解如何影響客戶的企業都可以使用的預試工具，而且這些工具高貴而不貴。此外，光是觀察客戶的行為，就可以學到很多。

回到我們的戒菸運動。當我們發現傳統做法中的缺失後，我們開始深入研究資料並觀察（而不是詢問）民眾的行為。

資料顯示，社經地位較低的族群吸菸率會比較高。觀察特定職業後，我們發現「重複性與操作型工作」具有最高的吸菸率。[11]這種工作通常是輪班且固定工時，例如工廠或商店中的工作，與本書第四部分提到的詹姆士·布拉德渥斯所從事的工作相當接近。[12]

為了理解原因，我們進行了大規模的人誌學研究（一種來自人類學的

11　有趣的是，這職業的相關性比收入的相關性還要高。有些重複性與操作型工作具有相對較高的報酬，例如工廠的主管或商店的幹部和經理。另外，根據定義，他們是有工作的人（並不算失業）。由於稅收政策不斷增加，吸菸現在已成為一種非常昂貴的習慣。開銷仍是戒菸最普遍的原因之一。

12　你應該還記得布拉德渥斯說過，他在亞馬遜物流倉庫中的工作讓他再次開始吸菸。

研究方法）。研究團隊會去現場與重複性與操作型工作的吸菸者相處，觀察他們在家裡、工作場所和玩樂時的行動，並請吸菸者寫日記，記錄自己一整天於何時何地吸菸。

我們發現，重複性與操作型工作的吸菸者必須顧及工作與家庭的平衡，因此他們的生活經常是忙碌又混亂。抽菸讓他們能夠短暫歇息，是一種受歡迎的放鬆方式。由於重複性與操作型工作本身會出現很多短暫空檔，因此強化了吸菸的習慣迴路[13]，讓他們比其他吸菸者更難戒菸。[14]

這項研究也找出了最能產生戒菸動力的吸菸傷害，而且這是一個重複性與操作型工作的吸菸者不可能在事後合理化的因素：對家庭造成的影響。有些吸菸者會說，他們吸菸只會傷害自己，因此他們有資格選擇吸菸，但他們無法想出合理的藉口，逃避這麼做可能會讓他們的孩子將來也更有可能吸菸，以及讓家人暴露於二手菸之中的責任，它已被證實對人體是有害的。

這些實際觀察到的吸菸行為，為戒菸運動帶來了參考依據。我們在與本書第一部分提過的凱特·華特斯合作後，他也根據重複性與操作型工作吸菸者的主要動機與戒菸障礙，為我們的新戒菸運動提供更多見解。

我們的策略，是向整個家庭（不只是吸菸者本人）告知吸菸的危險，並將重點轉移到方便取得的輔助工具上，藉此提升重複性與操作型工作的吸菸者的戒菸機率（請參見第二章）。[15] 最後，這項運動實現了政府在《公共服務協議》（PSA）中的目標，在2009年（提早了一年）就將吸菸率降到低於21%。

在BVA集團的輕推小組中，所有改變行為的計畫都會從人誌學研究開始，藉此客觀了解妨礙及驅使理想行為的因素。此外，我們通常會以其他研究方法和資料分析作為補充，但只要是透過與消費者交談所獲得的

13　請參閱第149頁。
14　布拉德渥斯說他在亞馬遜工作的期間，吸菸「是一種情緒上的緩和劑，就像走了10英里路後，在腳上貼膏藥一樣」。10英里是他在亞馬遜的倉庫工作時，每天平均的行走距離。
15　這包括針對大部分重複性與操作型工作者的合作夥伴策略。這件事推行起來相當容易，因為這個運動可以為他們帶來明顯的好處。只要員工戒菸，身體就會更健康，生產力也會因此提升。

任何內容，通常只能夠理解他們理性的系統二動機以及經過事後合理化的理由。

舉例而言，我們最近有一個關於火車公司的新計畫，希望影響旅客的行為。我們的研究有三個資訊來源：客觀的旅客資料、以人誌學方式觀察，以及對鐵路員工（駕駛、售票員和車站工作人員）進行訪談。與乘客交談所獲得的資訊沒什麼用處，因為通勤是一種典型由習慣驅動的系統一行為，因此乘客無法準確了解自己的行為。但是，有些已經工作了30多年的鐵路員工，卻曾經親眼目睹了乘客行為的不合理性，因此他們的見解對於我們的解決方案具有非常高的價值。

在戒菸的例子中，我們不可能藉由持續向吸菸者詢問他們吸菸的原因，就知道我們能不能實現《公共服務協議》中的目標。當然，我們也不可能透過詢問的方式，得知他們為何難以戒菸的原因，以及吸菸對家庭造成的影響，因為吸菸者本身不會意識到這些因素，因此無法準確告訴我們關於這些因素的資訊。

若當初只有用詢問的方式，我不覺得我們能夠成功挽救這麼多生命。事後合理化真的很可怕。

Chapter 20

行為科學與客戶

你該怎麼做？

在本書的第五部分，我們知道行為科學可以讓公司更了解客戶並因此更有效影響客戶，因為：

- 當客戶在回答問題時，通常會說出已經過事後合理化的系統二內容，而這也是傳統的市場調查會得到的答案；

- 系統一和捷思法會在潛意識中影響購物的選擇，而這些選擇無法透過詢問或預測的方式得知；

- 在企業對企業（B2B）的世界中，到處都充滿了情緒化及非理性的驅力，而這些驅力會對決策造成很大的影響。在大部分情況下，消費者都會選擇風險最低的選項，而不是報酬最高的選項；

- 在大部分領域中，追求滿意的人通常遠比追求完美的人更多，而且追求滿意的人通常比較忠誠，因此在研究客戶時，必須把心力花在如何讓他們更輕鬆做出夠好的消費選擇。

因此，有很多可以有效利用行為科學的方式，讓你更了解客戶並使事業成長：

- 不要只依賴傳統的市場調查。可能的話，請以試管精神提出假說，並綜合不同方法以進行測試；

- 最能夠發掘出影響購買決定的外在因素（例如行銷）的方法，就是盡可能創造出與做決定當下相同的情境，並使用具有代表性的例子進行

實驗（代表性高低比數量大小更重要）；

- 使用更能夠發掘出在潛意識中影響購買決定的工具，例如隱性研究或情感分析。無法在真實世界或數位環境中進行實驗的企業更應該這麼做；

- 光是從旁觀察客戶的行為，就可以獲得許多洞見，例如透過人誌學研究法，或是請直接面對客戶的第一線工作人員搜集資料。

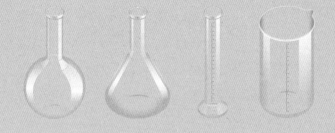

Part 6

以行為科學輔助行銷

消費行為背後的決策過程並非全然理性，
多數消費者只是選擇容易購入、品質夠好的選項。

Chapter 21

理性消費者的迷思

行為科學告訴你,行銷到底是怎麼一回事

荷馬不會在乎大部分的行銷方式

在我最喜歡的一集《辛普森家庭》(*The Simpsons*)[01]中,荷馬在馬路上開車到一半時,突然開心大喊:「今天是新月份的第一天!新廣告牌日!」荷馬一路上在每個廣告牌旁邊緊急煞車造成了許多車禍,然後仔細閱讀每一則廣告。他一邊說:「遵命,廣告牌先生!」然後依次向他們敬禮。當他抵達他工作的核電廠時,荷馬已經買了他在路邊廣告牌上看到的所有產品,包括一盒英式鬆餅和一袋味精等各種不尋常的物品。

這段畫面非常有趣,因為我們知道人們通常不會對廣告產生那樣的反應,但荷馬很容易受到影響,因此他無法抗拒。大部分消費者根本沒有足夠的時間或興趣,在第一次看到廣告時就像荷馬那樣吸收和處理資訊。

現在花幾秒鐘,回想一下自己身為消費者時的行為。你最近一次因為看到某個商品的廣告,而立刻衝進店裡或到網路上購買,是多久以前的事了?這則廣告有可能是提醒你該買某些東西(「該死,差點忘了買牛奶!」),但我敢打賭,你很少會在看到廣告後立即起身購買。

實際上,消費者通常會徹底忽略大部分的廣告內容。上一章提到,流明研究機構的麥克‧弗雷特及其同事會利用領先全球的眼動追蹤技術,

---

01　在第六季登場的小丑荷馬(*Homie the Clown*)。

研究人類是否有在觀看廣告，並依此建立預測性注意的行銷模式。

他們的資料顯示，平均而言，只有75％的人會去看出現在他們眼前的廣告，而且每則只看兩秒鐘。在數位廣告中，只有20％會被使用者觀看，平均觀看時間為1.3秒。

因此，顯著性非常重要。[02]史上最厲害的文案寫手「狂人」鮑伯‧李文森（Bob Levenson）曾說過：「大部分的人會忽略廣告，是因為廣告忽略了大部分的人。」

這就是許多人常說打廣告沒有用的原因，甚至還因此出現了這類名言：「我花在打廣告上的錢，有一半是白白浪費，但問題是，我不知道被浪費的是哪一半。」[03]

雖然企業中的決策者通常看不到廣告有效的證據，但英國的廣告產業在2016年的價值還是超過210億英鎊。[04]直到最近，行為科學才提供了一個框架，讓我們清楚認識大部分廣告和行銷的運作原理。[05]

直效（行為）行銷

直效行銷（direct marketing）也許是一個例外，因為它的效果具有實證框架。我在大學畢業後的第一份全職工作，是在一間直效行銷公司的媒體部門上班。從某種意義上來說，這是我所從事過與行為最直接相關的工作。

我的工作內容，是為客戶分析回應資料。我大部分的時間都是花在Excel試算表中，找出有多少人打電話給廣告上的電話號碼，然後根據每回應成本（CPR）評估廣告的投資報酬率。

02　請參閱第24頁。
03　很多人認為這句話是由美國實業家約翰‧沃納梅克（John Wanamaker）所說，但實際出處存有爭議。
04　AA/WARC支出報告。
05　丹尼爾‧康納曼的已故研究夥伴阿摩司‧特沃斯基曾說過他「只是以系統性的方式，研究了廣告商和二手車銷售人員早就知道的行為。」

我當時在分析的，就是我們的廣告對行為所帶來的影響。

我們以符合試管精神的方式進行了許多實驗，藉此研究不同變數所造成的影響。舉例而言，我會分析報紙上的廣告尺寸、彩色與黑白的效果、在報紙版面上的位置（通常在越前面幾頁的效果會越好）[06]，以及哪種人會回應哪種廣告。以電視廣告來說，我們會分析在不同頻道、播出時間、節目、廣告時段中的位置，以及廣告時間長短所造成的影響。我們會對所有項目進行測試，藉此找出每回應成本表現最好的標題、管道、位置與型式。

全球廣告代理商奧美集團的創辦人大衛．奧格威（David Ogilvy）也是以直效行銷起家（他將直效行銷稱為他的「初戀及秘密武器」），他將這種實驗方法視為媒體的優勢。他說：「測試只是這場遊戲的名稱。您可以測試每個變數……並決定這些變數對銷售的影響。」[07]

我曾有一位客戶提供的是喪禮服務，他的廣告中請來了演員麥可．帕金森（Michael Parkinson）和瓊恩．維特費爾德（June Whitfield）演出。我可以根據資料，看出這支廣告在早上播出時是麥可還是瓊恩的表現比較好，以及在《摩斯探長》（Inspector Morse）重播時，誰的表現又會比較好。

雖然這種知識並沒有讓我成為廣告界的當紅炸子雞，但確實可以讓我把這份工作做好。

接著，媒體企劃和廣告買主將根據這些資料，評估是否要繼續在報紙上或車站中投放廣告、改成尺寸較大／小，或長度較長／短的廣告、並根據客戶的每回應成本目標與銷售代表進行協商。透過這些調整以提升獲利能力，就能為代理商和客戶帶來商業利益。

06　最後一頁除外，那是第二多人會去讀的一頁，而且許多報紙會把體育專欄放在最後一頁。我們的一位客戶ScrewFix（DIY工具零售業者），就只會在體育版面上投放廣告。他們發現對於藍領階級男性，也就是所謂的「白色貨車男子」（white van man）來說，體育版面是他們整份報紙中最認真閱讀的部分。在此情況下，調查資料與刻板印象一致。

07　《奧格威談廣告》（Ogilvy on Advertising），Pan出版，1983。有趣的是，奧美英國副總監暨行為科學倡導者羅里．薩特蘭也是從直效行銷起家。看來直效行銷似乎是行為科學從業者的入門職業。

回顧一下第一章提過的行為科學事業三準則：根據資料了解情況、透過實驗進行驗證，以及根據實際行為（觀眾拿起電話）獲得關於成效的剛性資料。[08] 我們的業務決策會與受眾產生的行為之間具有明確且直接的連結，而且試管精神會成為根深蒂固的日常習慣。

在那之後，我曾經為許多客戶進行品牌行銷，其中許多廣告主都沒有在廣告中加入直效回應（direct response）機制，例如電話號碼或網址。為了找出這方法是否有效的科學證據，我問了同事：既然他們無從得知觀眾有沒有做出回應，他們該如何知道這些廣告是否有效？同事給我的答案是：品牌追蹤研究（brand tracking study）。如第五部分所提到，這種研究與民眾實際上的購買行為幾乎沒有任何關係，但每個人（包括我們的客戶）似乎都很樂意接受這種研究的結果，而不是更準確的資料。

由於我來自一間會在準確研究行為後進行實驗、學習和適應的公司，因此我覺得他們的做法很莫名其妙。

難道不是所有的行銷策略都應該要與改變行為有關，讓民眾想要購買產品和服務嗎？難道我們對消費者所說的一切，不該只是讓他們留下印象，而是要讓他們採取行動嗎？

把重心放在應該評估而非可以評估的內容上

根據我的個人經驗（以及本書所採訪的專家的經驗），這是企業決策者表現出確認偏誤的另一個例子。[09] 許多行銷人員似乎都無法理解**消費者的購買行為**（因為他們認為消費者會處於系統二模式），因此不知道該**如何影響消費者**。

在行銷產業中，經常可以聽見一種名叫「AIDA」的品牌行銷模式，

08　當然，這些方法並不完美。由於我們只檢視回應，沒有查看實際銷售額，因此無法分析整體獲利能力（但優秀的直效行銷企業會對此進行評估）。電視的直接回應分析，通常必須依靠帶有時間戳記的資料，也就是在廣告播放時，檢查某個時間區間內（通常是十分鐘）有多少人來電。然而，這種做法忽略了把電話號碼抄下來，晚點才打電話的人。

09　請參閱第165頁。

也就是意識（awareness）、興趣（interest）、慾望（desire）與行動（action）。這種模式假設，若要增加銷售，就必須讓民眾知道這項產品或服務的存在、讓他們感興趣、讓他們渴望擁有，最後他們就會採取行動。這種模式通常會以漏斗的圖形顯示：頂端是知名度，底端則是消費者。

這種漏斗型的行銷方式，假設了人類在購買產品（假如這是最終目標）之前，必須要先知道、感興趣並渴望擁有，最後才會採取行動（購買）。因此，AIDA模式會要求行銷過程必須達成前面三個條件（但通常只會達成其中一個，而這一個往往是提升知名度），而每一個行銷管道會分別滿足一個條件。

問題在於，這其實是胡說八道。人類通常不會以這種理性且直接的方式行動。根據AIDA模式，我們應該要假設消費者在購買巧克力棒和購買房屋時會花同等的心思謹慎考慮，但前者分明是一種更出於本能的系統一決策。如本書第五部分所提到，在進行涉及數百萬英鎊的商業決策時，人類甚至有可能變得比在超市買東西時更情緒化且更不理智。本能且非意識的聯想，會對人類的購買決策形成非常關鍵的影響。

凱特‧華特斯曾表示：「業界非常相信，只要改變態度，就能改變行為，但實際上正好相反。即使有很多證據顯示事實並非如此，但『說服轉換』的模式早已在廣告業界根深蒂固。行為科學不僅為我們提供更好的實證基礎，有時還會帶來更多充滿創意的解決方案，讓我們以不同的角度看待品牌。」

說服轉換的模式之所以依舊存在，是因為企業可以藉此輕鬆評估行銷的表現情形（透過收視率、讀者人數等），而且只要逢人就問有沒有看過就好了（藉此評估引起注意力及感興趣的程度）。畢竟，若媒體產業無法證明自己的價值，就沒辦法繼續存在。然而，本書的前一部分提過，由於消費者傾向在事後進行合理化，導致他們在市場調查時編出各種故事，因此這種方法具有非常嚴重的缺陷。

對於許多行銷人員而言，資料中只要有簡單的相關性就足夠了：消費

者在這一天看到了廣告，銷量也剛好上升了，所以這次的行銷奏效了。這和第一章提到的康納曼與以色列戰鬥機飛行員的故事一樣，都是一種錯誤的邏輯，而且是個沒什麼人有動機特地去挑戰的想法。若把標準設得很低，就可以輕鬆向老闆展示成果。

在我的廣告代理生涯中，我收到的大部分行銷或媒體企劃，都是以提升知名度為首要或唯一目標。然而，我知道加拿大這個國家的存在，但這句話無法顯示出我有沒有意願造訪加拿大。在大部分情況下，這類企劃主要訴諸的是系統一追求滿意的購買決策。因此，光是引起注意，幾乎無法對行為造成任何影響。在這類情況下，只要問問自己以下這些簡單的問題，就可以讓企劃（以及我們的回應）更好。

你為什麼想要提升知名度？你希望別人在看到這則廣告後做出什麼行為？這是個簡單的問題，但令人驚訝的是，很多人經常沒有想過這件事。很多人會假設（通常興致缺缺的）消費者一看到廣告，就會像荷馬買瑪芬一樣衝到最近的商店去購買。上面那個問題，則是對這樣的假設提出質疑。

這就是為什麼在很多廣告中，或是在行人只有兩秒鐘可以消化訊息的路邊海報上，仍會出現太過冗長或字體小到無法閱讀的電話號碼或網址（業界用語是「行動呼籲設計」）。我曾經接過一個廣告案，客戶是一間人員根本還沒雇齊的電信公司（但他們卻已經買下了廣告時段）。對方請我們在深夜播出電視廣告，以免人手不足以應付客戶。我們居然必須做出避免影響觀眾行為的廣告！

奧利佛・裴恩（Oliver Payne）是行為與溝通顧問公司「狩獵王朝」（The Hunting Dynasty）創辦人及《啟發永續行為》（*Inspiring Sustainable Behavior*，暫譯）的作者。他認為引起注意是必要條件，但不是充分條件。他說：「光是引起注意無法帶來結果，但是引起別人注意的方式非常重要，因為那會影響到觀眾與行為的心理距離。廣告能夠讓觀眾想像自己採取行動的方式或理由。引起注意是一種正面的價值，而這種價值有可能不會引起行動，但也有可能會。」

行為科學讓我們更清楚了解客戶的購物方式、為行銷提供了更好的框架、讓我們更清楚應該要如何行銷，以及該把行銷策略的重心放在哪裡。此外，有一群由學者和行銷人員組成的「異端份子」，專門以行為科學的知識解釋行銷上的大小事。最後，他們創造出了一個新的學科：行銷科學。

關於行銷科學這位異端份子

澳洲南部的阿得雷德（Adelaide）是一座被美麗的海灘和獲獎無數的葡萄園所圍繞的城市。乍看之下，這裡不像是一個會發生啟蒙運動的地方，但這裡的南澳洲大學艾倫伯格巴斯行銷科學研究院（Ehrenberg-Bass Institute for Marketing Science）在最近十年確實發生了一場小型的啟蒙運動。

這間行銷科學研究院的院長，是拜倫‧夏普（Byron Sharp）教授。他的團隊以20世紀安德魯‧埃倫伯格（Andrew Ehrenberg）與同事的創新理論為基礎，與全球領先的品牌合作並分析行銷活動。夏普在他的著作《品牌如何成長》（*How Brands Grow*，暫譯）及其續作中，利用他與同事累積的紮實且經過科學驗證的可靠證據，簡單解釋了行銷（尤其是廣告）的運作方式。

夏普不認為行銷（和廣告）只能以創意取勝，也反對科學方法無法改善行銷成效的論點。他認為行銷（和藝術一樣）不是純粹的創意活動，因為行銷有影響行為的明確目標，通常是購買特定的產品或服務。

他表示，行銷比較像是建築。像法蘭克‧洛伊‧萊特（Frank Lloyd Wright）這樣的建築師雖然可以建造出具有明顯美學和創意價值的漂亮房子，但如果不遵守物理定律，這樣的房子還是會倒塌。假如萊特的創意沒有以科學作為基礎，他所蓋的房子終究無法居住。

同理，行銷活動若不遵守經過觀測和實證的行銷及行為科學規則，就沒辦法改變行為。消費者不會受到影響，商品和服務也會賣不出去。這樣的行銷，就只是在浪費心力。

然而⋯⋯

行銷和通訊產業，以及其他絕大部分產業，都很少以科學作為基礎。像AIDA模式這樣的例子顯示，大部分自古流傳下來的知識，其實都與實證的結果完全相反。就像放血療法在被證實有害之前，曾經被醫生實踐過數百年一樣，許多行銷人員和資訊傳播者仍根據過時的觀念，採取錯誤的做法。雖然夏普等人正在試圖改變現狀，但是在行銷的世界中，擁有試管精神的人還是太少。

根據我的個人經驗：

- 行銷人員總認為自己的品牌是獨一無二的，因此每次都必須從頭開始規劃行銷活動（錯誤）；

- 行銷人員會急著想要看到成果，因此會一次就花光所有預算，而且幾乎不會進行預先測試（錯誤）；

- 行銷人員在進行測試時，會假設消費者能夠準確預測他們在真實世界中的行為（同樣錯誤）；

- 行銷人員認為，民眾會非常在意品牌，因此在購物時會對品牌非常忠誠（但絕大部分情況下都並非如此）、會興奮地和朋友聊品牌的事（幾乎永遠不會），而且會想要在社群媒體上與品牌互動（非常少）。

所以，行銷和廣告在現實世界中，到底是怎麼運作的？

夏普簡單解釋：「神經科學與心理學（即行為科學）近年來讓我們更清楚理解記憶和大腦的運作方式。這些發現對廣告非常有意義，因為廣告是透過創造和恢復記憶而運作。眾所皆知，大部分的思考和決策都是非意識又情緒化。然而，傳統的廣告理論是以一種過時的觀點為基礎，也就是會預設人類通常是理性（偶而才情緒化）的決策者，而且擁有過目不忘的記憶力。」[10]

---

10 《品牌如何成長》（*How Brands Grow*，暫譯），牛津大學出版社（Oxford University Press），2010。

漢娜・路易士（Mindmafia.com 及專門為金融業提供行為諮詢服務的顧問公司 Behave London 的創辦人）認為，這正是行為科學在行銷產業中的真正價值。她說：「行為科學最大的貢獻，就是讓大家知道他們使用的傳統行銷方式是錯的。假如能讓產品變得更有趣，自然就會熱賣。行為科學讓我們構思出有用的、能夠賣出東西的解決方案。」

凱特・華特斯表示：「行為科學能夠讓廣告回到原本的位置。我們業界人士會以某種方式看待品牌，但消費者不會。」

透過這類知識以及他們對於記憶如何形塑與恢復的研究（即心智顯著性），[11] 夏普及同事發展出了一套經過實證的的法則，讓行銷人員可以確保廣告具有成效。下一章將提到，這些方法如何幫助企業創造出能夠刺激購買的品牌，而下下章將說明如何有效行銷這類品牌。

在本章開頭提到的《辛普森家庭》的同一集中，荷馬還體驗到了廣告對心智顯著性所帶來的一種更微妙、更現實的影響。在路邊的眾多廣告牌之中，其中一張海報是電視藝人小丑阿基（Krusty）新設立的學術機構「小丑大學」的廣告（但目的其實只是為了抵稅）。

荷馬問：「小丑大學？哼，那又不能吃。」

後來，那則廣告漸漸對荷馬的潛意識造成了影響，他甚至開始產生同事和家人的臉上都畫了小丑妝的幻覺。在和家人吃晚餐時，荷馬還把馬鈴薯泥弄成了馬戲團帳篷的形狀，戲仿了電影《第三類接觸》（*Close Encounters of the Third Kind*）中的著名場景。

最後，荷馬突然起身大喊：「夠了！你們拖累我夠久了！我要去小丑大學！」[12]

行為科學（以及夏普教授的研究）顯示，我們荷馬般的大腦受到廣告影響的方式，其實比我們想像中的還要接近這段卡通所描繪的情境。

11　請參閱第24頁。
12　巴特對此的回應是：「我們應該沒有人料到他會那樣說。」

Chapter 22

讓品牌成為消費者的捷思法
關於品牌，行為科學能讓我們學到什麼

本書的第18章已經提過，品牌能有效幫助顧客做出決策。

假如（源自行為科學的）行銷科學告訴我們，大部分廣告的效果在於建立更強烈的心理聯想，也就是對於產品及服務的潛意識聯想。這樣的現象，對品牌有什麼意義呢？品牌只是一系列的回憶嗎？這會如何影響我們購物時所做的決策呢？

想想捷思法（或是心理捷徑）在我們生活中扮演的角色。捷思法的角色，就是幫助我們完成複雜的決策過程。以這樣來看，若想解釋品牌的角色，最簡單的方法就是：他們是一種捷思法，能幫助我們挑選出要購買的產品及服務。由於捷思法就是回憶及聯想的集合，所以行銷的角色就是建立適當的聯想，讓消費者容易聯想到自家產品及服務，並且安心購買。

回想一下第五部分中提到的在外國超市購物的例子。在自己國家的超市購物時，我們對眼中看到的品牌，會有許許多多聯想，而且許多聯想是潛意識的。當我們看到認識的品牌時，相關聯想會浮上心頭，而若這些聯想符合我們當下購物的標準，我們就會掏錢購買。品牌就像是個心理捷徑，幫助我們做出購物決策。換句話說，品牌像捷思法，讓我們做出夠好的選擇。接下來在本章節中，我們將針對「品牌就是消費者的捷思法」這個假設進行壓力測試，並從行為科學來看，我們該如何建立這些聯想。

討論到這邊，你可能已經想起一些知名品牌，然後心想：這些品牌不

可能只是一系列的回憶吧，應該更有意義才對。若你負責經營公司的品牌，你現在大概開始懷疑自己的存在是否有意義，甚至覺得品牌的時代是不是已經過去了，因為品牌似乎無法以更有意義的方式與消費者產生連接了。

這個問題，可以用理查・尚頓的話來解答，他說：「如果你相信，品牌是個心理捷徑，而且認為世界變得越來越複雜的話，那麼，品牌變得比以往來得更為重要了。」

這是因為人類天生就會避開損失及災難，並渴求確定的事物，而品牌可以幫助消費者做出夠好的決定，達成上述目標。大多時候，消費者為了達到上述目標，會願意付比較高的費用，所以建立品牌其實是非常有價值的。

羅里・薩特蘭認為：「在充滿不確定性的世界中，我們做決定時，必須在一般的結果和新奇的變化之間做選擇。以演化的角度來看，有穩定也有變化，才是完美兼具的選項。然而，如果平均來說，100次『完美兼具』的選項中，會有一次讓我們丟了性命，我們何苦追求那完美兼具的選項呢？我想表達的是，這解釋了為什麼消費者願意花比較多錢買知名品牌的產品。消費者為品牌花錢時，並不是不理性，而是為了追求較低變化而掏錢。」

他認為，與真正改變產品及服務相比，透過品牌改變消費者對於產品或服務的想法，成本比較低。「你不用真正製作出能讓人有那樣感受的事物，你只要製造出能帶來那般感受的事物就行了。企業應該想辦法用最低的成本，創造出希望消費者感受到的情緒。這不是指要找到最低成本的方法來製作產品，而是指要用最低成本製造出希望產品為消費者帶來的情緒。你可以說，廣告產業是在為企業節省成本。『不要浪費力氣調整產品細節，因為成本太高了。』如果你能改變消費者感受事物的情境，那麼刺激因素、情緒、行為都會因而不同。真正影響人類行為的，並不是客觀事實。」

阿爾迪超市（Aldi）深諳此理，他們價格低廉的自有品牌，總會高度

模仿知名品牌的商標、顏色及符號，讓消費者在店裡能更放心選購他們的自有品牌。如果這包餅乾看起來跟知名品牌沃克斯（Walkers）的洋芋片這麼像，味道應該也差不多吧？

換句話說，品牌可以幫助消費者做出夠好的、由系統一驅動的購物決策。這就是為什麼在外國的市場購物對我們來說會是個大難題。

一致的品牌資產

夏普與其同事在書中提到，企業如果想為品牌建立合適的聯想，最重要的任務是：「用獨特、一致的圖樣，建立回想起品牌時的聯想，讓消費者在許多消費情境下，能注意到或回想起你的品牌。這是品牌管理非常重要的一環，卻時常遭到忽略。行銷人員常忘記要好好運用品牌的顯著資產。事實上，行銷人員甚至會破壞這項資產。」[01]

鄧肯·史密斯向我解釋一致性的重要：「維持一致性的品牌，才能讓消費者利用這個品牌、商標或該品牌任何一部分，作為消費者的捷思法或是心理捷徑，知道自己會從這個品牌得到什麼。這是因為熟悉會產生信任，而信任會產生好感。」

想想那些最知名而且有特色的品牌（可口可樂、麥當勞、蘋果、英國的公立醫療系統NHS），他們的共通點是品牌保有一致。數十年來，他們的商標、字體及配色，基本上都沒什麼改變。

為什麼行銷人員常忽略一致的重要性呢？或許是因為行銷人員畢竟是人類，因此跟其他人類一樣會受到行為偏誤所影響。

一個常見的問題是，行銷產業會持續追求新鮮與改變。根據廣告從業人員協會（Institute for Practitioners of Advertising）的調查，廣告公司及客戶的合作時間，過去30年來，已從平均維持86個月降低到30個月。

---

01 在《品牌如何成長》一書中，有夏普及墨爾本商學院（Melbourne Business School）行銷兼任教授馬克·瑞森（Mark Ritson）的激烈辯論，辯論的議題為品牌的獨特性（distinctiveness）及差異化（differentiation）兩者的分別及其重要性。詳情請參考該書。

凱特・華特斯說：「背後的原因，很大部分是來自對創新改革的獎勵。當廣告公司接到新客戶，廣告公司就會想要讓客戶看見明顯有效的變化，而一個最簡單的方法就是做出改變。但在追求改變的過程中，他們忘記了一些品牌力量的來源因素。我想大概是因為，想要贏得廣告大獎，還是需要祭出一些新奇點子吧。」

　　上述想法及動機，可能會大大傷害行銷成效。有個知名案例：百事公司（PepsiCo）旗下的純品康納（Tropicana）的著名圖像是柳橙上插著一根吸管，而在2009年時，純品康納改變了這個著名圖像。結果銷售量跌了20%，而同業競爭者銷售額全都大幅增長。不到六週，純品康納就改回舊包裝了。

　　華特斯舉了一個例子，解釋一味追求新奇有何風險。當她還是資淺的廣告企劃時，曾在公司經歷Milky Bar巧克力品牌的行銷案例故事。Milky Bar的電視廣告多年來都運用「Milky Bar男孩」（Milky Bar Kid）這個角色，成功深植人心。在一次行銷討論會議上，眾人竟然集體決定要砍掉Milky Bar男孩。他們覺得這個強大的品牌資產，已經令人覺得無趣了，於是想要創造新的品牌資產。幸好，這個決定被資深品牌管理人直接否決，這群人乖乖從頭討論起。

　　華特斯引用約翰・巴特斯（John Bartles）的知名概念「有創意的重複」，來破除追求新奇的迷思。[02]「創意，是不斷重複使用及強化核心品牌資產。而所謂想像力，是以不同角度切入、保持話題、運用創意。那些該做的事還是要做到，但要利用想像力，讓效果卓越非凡。」

　　若以夏普的建築比喻來解釋這個概念，就是：一個好的建築，要新鮮有創意，同時安全又可靠。[03]

02　約翰・巴特斯為百比赫廣告公司（Bartle Bogle Hegarty）的共同創辦人。
03　奇怪的是，夏普似乎對行為科學頗為質疑。在客戶企劃團體（Account Planning Group）出版的《把青菜吃掉》（*Eat Your Greens*，暫譯）一書中，他似乎認為，雖然行為科學是重要基礎，但會模糊焦點，讓人忽視易購性及聯想性。他的結論是：「還是要做實際測試，看看各個調整方案，是否真能達到想要的效果。」而他的結論，與本書的論點不謀而合，也是任何有聲譽的行為科學實踐者都會做的事！

要有顯著特色

夏普和其同事還指出，品牌要有顯著特色，才能在消費者心中建立有效的品牌聯想，也就是如伊恩・普里查德所說，要建立足夠的顯著性，才能讓品牌能獲得消費者「關注並記住」。普里查德這樣形容這項任務：「讓新奇變成熟悉、熟悉變成新奇。」而想做到這點，一定要掌握行為科學知識。

奧利佛・裴恩跟我討論了許多品牌長時間以來在消費者心中建立的「心理建築」，以及了解品牌在這個「建築」中的位置是很重要的。他提到：「無酒精啤酒在消費者心中的『建築』，就與傳統含酒精的啤酒非常不同，因為含酒精啤酒的歷史，遠比無酒精啤酒來得悠久。」通常，心理建築要能蓋起來，需要有共享的文化認知。我們喜歡聽故事和新奇事物，而吸引人的故事總是不同凡響，但說故事與聽故事的人之間，卻又得有一套共享的標準。

「品牌必須在消費者心中建立一個心理模型，而這個心理模型應該盡可能對他們有利。這個模型必須跟理想的行為盡可能接近，並且能夠輕鬆啟動。」

如本書中多次論及，一個品牌是否有顯著特色，端視其在消費者心中的聯想、故事、以及感受。而這些元素多是消費者潛意識的感受。本書的第五部分提過，內隱的研究技巧及實驗，可以讓行銷人員用科學方式有效了解什麼元素才能建立起品牌的顯著性。

奧美廣告顧問公司的合夥人山姆・塔坦（Sam Tatam）跟我分享了一個例子。澳洲的奧美公司曾經運用行為科學，用相對低廉的成本，為肯德基在消費者心中建立顯著特色。

肯德基推出的優惠非常簡單（也沒什麼特色）：薯條一份1美元。廣告中運用了與肯德基一致的品牌資產（例如商標、字體等），而奧美還想找到更有效推廣這個優惠的方法。奧美利用不同的行為科學偏誤，建立出90種不同表達方式，但傳達的都是同樣的訊息「薯條一份1美

元」。接著他們篩選出八種表達方式，利用不高的預算，透過臉書投放廣告給肯德基的粉絲，還有其他速食業競爭者的粉絲。

透過這些廣告的互動率，奧美便可以判定怎樣的表達方式最為有效。

最有效的表達方式是哪一個呢？「薯條一份1美元，一人限買四份。」

這個表達方式，比控制組的效果高出了37%，而他們透過電台廣告測試，整體薯條銷量更是提升了56%。

這種表達方式可以喚起消費者心中的稀少性偏誤（人類容易渴望稀缺不足的事物）以及社會常規[04]。不過，這項限購條件其實一直以來都存在。它被寫在交易合約條款中，而在之前的廣告中都以較小的字體標出，但由於新的表達方式凸顯出了緊迫性，因此消費者心中的顯著偏誤及品牌相關的捷思法就默默被喚醒了。

肯德基先在類似的情境中測試廣告，藉此有效率地看出，哪種廣告方式比較有效。這也表示，他們可以放心投入更高的預算，將廣告投放在正確的地方。如下文所述，這會對行銷成果造成很大的影響。

情境的重要性：高成本訊號

行銷科學的研究結果表示，顧客比我們想像中更不在乎品牌，即使是知名大品牌也難逃這樣的命運。顧客常常分不清各個品牌之間的差別，因此一致性及顯著特色極為重要。品牌如何與客戶溝通，也會影響到顧客如何辨別品牌。所謂如何溝通，指的是溝通的情境或管道。

行銷本身可以在顧客心中建立品牌聯想，讓顧客覺得品牌的品質夠好，而品牌行銷通常要具有巨大規模，才能有效接觸到受眾。這有一個附帶好處：消費者會覺得品牌的行銷成本十分高昂（而行銷成本通常真的很高）。

04　請參閱第20頁。

這怎麼會是好處？這是因為行銷的規模及費用，會潛意識讓消費者產生高成本訊號（costly signalling）的聯想。這個概念源自演化心理學，能用以解釋孔雀開屏的現象。公孔雀展示其健康有活力的尾巴，雖然乍看是一個沒有意義的行為，但其實是向母孔雀展示出自己是個適合交配的對象。行銷活動就像公孔雀，可以讓消費者的潛意識產生類似聯想。

撒下高額預算、鋪天蓋地的行銷活動，暗示的是品牌具有規模、長期穩定、而且安全可靠，正如鄧肯・史密斯所說：「熟悉就會產生信任、信任就會產生好感。」

羅里・薩特蘭曾說過：「花朵，不過是有廣告預算的雜草罷了。」行銷的意義並不是在行銷活動本身，而是其本質：比同業競爭者更容易被看見，且具有顯著特色。至於小型企業或是行銷預算較低的團隊，一定要記住，重點是「感覺」起來花費高額成本，而不是實際上要灑下大把鈔票。因此，行銷的品質（創意）永遠比數量來得重要。

薩特蘭表示：「如果超級模特兒被喜歡開名車的男性所吸引，純粹只是因為車價高昂，那全天下的超模應該去跟重型卡車司機約會才對。」

伊恩・普里查德援引提姆・恩伯樂（Tim Ambler）及安・霍利爾（E. Ann Hollier）的研究結果表示：「當消費者覺得某品牌廣告費用很高昂時，他們心裡會更信任這個品牌，因為消費者對該品牌的品質會更有信心，間接提升了對品牌的信任度。」[05]

有些行為看似沒有意義，卻能讓消費者默默產生信任感，例如要價高昂的電視廣告、巨大海報看板、品牌產業會議、或是住在豪宅區的富豪開著藍寶堅尼出門等。這些行為會讓消費者信任品牌，願意付錢購買產品。而若你是超級模特兒的話，上述行為絕對能夠讓你傾心。

05　Ambler T, Hollier EA, 'The waste in advertising is the part that works'. *Journal of Advertising Research*, 44(4), 2005, quoted in the APG book Eat Your Greens (2018).

一致性、顯著性、以及高成本訊號：荷蘭ING銀行

2003年，我曾協助荷蘭ING銀行（ING Direct）進入英國市場，那是我第一次意識到上述幾個元素的重要性。當時的ING銀行是個新的金融品牌，在英國消費者心中還沒有任何品牌聯想，而且英國國內也沒有設立能讓消費者看見的實體品牌呈現（沒有任何分行），而是只提供線上儲蓄帳戶及電話服務。

要切入這競爭激烈且頗為飽和的銀行市場，ING的品牌必須有特色、顯著性高而且能被消費者看見。當時ING在報紙的「必買商品」排行榜以及比價網站上都榜上有名，因為當時其利率是市場上最好的。這樣的特質，會吸引到的是金融儲蓄產品的「重度買家」，也就是最懂得精挑細選的消費者。這類客戶是高淨值資產客戶，善於斤斤計較，並不是金融儲蓄市場中的大眾消費者。長期來看，這樣的客戶比較不理想，因為一旦其他銀行出現更好的利率，他們就會頭也不回地離開。因此，我們都戲稱這類客戶是「逐利率而居」的客戶（rate tarts）。[06]

因此，ING銀行的行銷策略，需要面向儲蓄金融商品市場的大眾消費者，吸引他們來開戶。這些大眾消費者對商品沒那麼狂熱，只想要找到夠好的儲蓄選擇。他們通常不是那麼熱衷於研究金融，是低淨值資產客戶。只要在一開始以比較高的利率吸引這群客戶進來，他們就不太可能轉到別家金融機構，一來是因為方便和慣性，二來是因為產品本身沒什麼附帶條件。這些顧客的長期價值也比較高，因為ING銀行有機會對這些人進行交叉銷售（cross-selling），推銷抵押及貸款等產品。至於逐利率而居的客戶，就只會為了高利率而來，僅此而已。

新進入市場的品牌，在消費者心中並沒有一絲信任或特色可言，那ING銀行該如何說服消費者，將自己一生的積蓄交給它呢？答案就是高成本訊號。

06　在2000年至2010年中期，市場上還會有利率超過4%的儲蓄帳戶，而且沒有太多附帶條件，所以當時的市場比現在更大、更競爭。而在寫作當下，金融市場的氣候已大不相同，利率超過2%的選擇已經非常少見。

我們的媒體策略是使用大型廣告看板，這種廣告能夠讓消費者看到、相當有特色，而且儲蓄市場的多數人尚未接觸過這個品牌，所以這個廣告看板可以大大引起關注，並創造高廣告曝光佔有率（share of voice）。實際上，設立廣告看板比電視廣告便宜多了，卻能讓這個新進入市場的品牌以相對低的廣告預算換來廣大的關注，對抗其他聲譽卓著的同業競爭者。

　　廣告上的圖像是一個巨大橘色的救生圈，中間寫著利率。這樣的畫面不但能凸顯出利率，還能潛意識建立「安全」的聯想。許多廣告會明白寫出電話及網站地址，呼籲受眾採取行動，而設計這份廣告的VCCP公司也運用了ING銀行顯著的品牌資產，在整體行銷活動中持續出現（包括其擁有的管道，例如官方網站）。

放輕鬆，沒陷阱
Source: VCCP

　　在ING銀行正式進入市場後，我們開了第一場匯報會議，而這場會議被迫中斷。因為消費者不斷打電話到ING銀行詢問和購買產品，會議中的行銷人員只好先離開會議去支援客服。我清楚感受到這個行銷策略多麼有效。我們達成的每回應成本很高，我個人從未見過這麼好的表現，

就連那個大型廣告看板也不例外。

行銷科學已經證實了麥克・弗雷特的觀察：「人們非常非常善於忽略事物」。而在上述案例中，該廣告為品牌帶來的一致性、顯著性以及高成本訊號，卻是讓人想忽視也做不到。

Chapter 23

行銷科學

如何以行為科學打造更好的行銷計畫（並對抗行銷人員的偏誤）

聯想性及易購性

本書的第五及第六部分提過，顧客追求的是夠好的選擇，而且大部分時候是以系統一來決定購買的物品。若品牌的風格及表現一致、特色鮮明、值得信賴，就能幫助他們做出決定。企業若想要透過行銷活動成功改變顧客行為（也就是說服顧客購物），就必須為品牌建立適當的聯想，也就是提升聯想性（mental availability，讓顧客容易想起）以及易購性（physical availability，讓顧客容易取得）。

大部分顧客不會有太多熱愛的品牌（因為我們主要尋找的是夠好的選擇），而且顧客對品牌的聯想，通常不是有意識的刻意行為。聽來矛盾，但若行銷活動鎖定的是喜愛我們品牌的潛在客戶，要增加銷量的機會並不高，因為這些人本來就很有可能購買你的產品。

到了這個階段，你可能開始想，難道行銷就是一場軍備競賽嗎？若真如伊恩・普里查德所說，品牌的角色就是「被看見、被記住、被購買」，這樣不就表示，只要花在品牌行銷上的錢比競爭對手多、使用一致不變的品牌資產，並盡量拓展品牌產品通路（包括實體及數位通路，讓顧客時常想起、順利購入），就能主宰市場了嗎？

當然不只如此，還要考慮品質問題。無差別瘋狂撒錢做行銷，是無法有效影響消費者行為的，因為不是每個人都有興趣、慾望或是能力購買

某些特定產品。例如，持續推銷休旅車給不會開車的人，就沒有意義[01]，所以至少要將目標受眾設定為駕駛人。同理，一直推銷給買不起汽車的人，也沒有意義，所以也要設定受眾收入標準。對毫無意圖或能力購買我們產品的受眾，不要浪費力氣提升他們的聯想性及易購性。無論如何，從流明研究機構的報告可以看出，這樣的受眾會直接忽略這些行銷活動。

不過，一旦建立好目標受眾的標準，很容易害怕行銷角度太廣、浪費成本，又開始陷入執念，因此讓行銷計畫變得過分鎖定小眾。行銷人員常常重視如何高效率觸及目標受眾，卻忽略了行銷效果的重要。此外，他們常會過分執著於建立品牌原型（archetype）並鎖定特定人口分類（例如千禧世代）。然而，這種鎖定策略，或是建立過於詳細的受眾分類，意義並不大。

鎖定目標確實很重要，但是行銷科學顯示，應該讓所有相關市場內可能消費的顧客，尤其是還沒購買產品的顧客，能夠時常想起品牌，並輕鬆取得產品，這樣效果最好、效率最高。

精準行銷打不到任何人，或是只能打到行銷同業

我在廣告媒體公司工作初期，做了許多受眾分析，分析目的是為了媒體規劃（media planning）及媒體購買（media buying）。簡單來說，就是要決定將廣告預算用在哪些媒體上。分析過程中，要透過諸如目標群體指數（Target Group Index，英國最大的消費者調查研究公司）等資料庫建立目標受眾輪廓。我會分析理想受眾的人口特質，透過指數找出受眾使用媒體的習慣，也就是分析目標受眾與大眾相比之下，是否有特別喜歡看特定電視節目、或閱讀特定報紙。

我會爬梳大量的數據，找出顯著而突出、值得在簡報中分享的重點。我會利用 Google 圖片的搜尋結果，加上一些文字描述，來呈現「典型」顧客樣貌。舉例來說，文字描述可能是：「我們的目標受眾年齡為35至

01　當然，若這個人可以影響身邊駕駛人的決定，就另當別論了。

44歲，大部分居住於英國東南部，會收看影集《六人行》（*Friends*），晚上喜歡去英國一家連鎖酒吧（Yates' Wine Lodge）放鬆。」這些資料常大大地左右我們的媒體策略，也常會影響到所採用的創意及訊息策略。

通常上述做法採用的數據，是來自顧客是否購入商品的相關調查。這產生的問題是，除了受訪者的回覆未必是其真實行為以外，這些數據可能多是來自忠誠顧客或重度買家（heavy buyer），而這些顧客可能本來就會主動想起，主動購買你的產品。

這也代表，這所謂的典型受眾，只是很多變數的平均值，意義不大。有個知名的例子是，澳洲統計局（Australian Bureau of Statistics）曾公佈其年度人口普查數據，描述典型或一般的澳洲人是什麼樣的輪廓。結果在2015年時，全澳洲找不到一個符合該輪廓標準的人，這樣的澳洲人根本不存在。[02]

奧利佛‧裴恩也指出，只鎖定特定類型的人，忽略了社會對人類行為帶來的重大影響：「我們應該把重點放在社交互動上，而不是特定人口類型，否則就好比研究醫學時卻完全忽略病毒，那樣不合理。」

我與理查‧尚頓會面時討論到，越了解人類行為，就越能意識到，上述精準行銷的做法不但有缺陷，更是執迷不悟。這就好像顧客在電器行裡購買烤麵包機時，會想找到最高性價比的產品；同理，為烤麵包機製作廣告的人，不想浪費廣告成本。

尚頓說：「大部分行銷部門的人，都是上述這類型的人。他們也是斤斤計較，所以他們設計出來的廣告，最後只適合少數人。行銷人員常誤以為特定的品牌在消費者的生活中非常重要。這樣的誤會是因為，這些行銷人員對自己手上的品牌很感興趣，而且他們每週花四十個小時，思考著如何行銷特定品牌的衛生紙，但這並不是普羅大眾的生活經驗。」

02　根據雪梨晨鋒報（*Sydney Morning Herald*）報導，這個典型的澳洲人有下列特質：37歲女性，育有一子一女，分別是6歲及9歲，住的是三房的獨棟房屋。房貸還剩20萬美元未繳清。身高162公分（舊制）、71.7公斤、體重指數BMI為27，為過重狀態。祖先曾居住在英國某處，最可能是來自英格蘭，不過這位澳洲人與其父母都是在澳洲出生。

如果行銷人員真的認為自己跟顧客想法一致，這有一個風險：他們會以為品牌目的（brand purpose）能夠有效刺激銷售量（品牌目的是指，品牌向顧客傳達其道德及社會議題立場，而目標是為了使自身品牌更具吸引力）。

但要消費者必須運用理性思考做決定，才會因為品牌的道德立場而消費，所以，品牌目的只適用上述積極尋找最高性價比的顧客。尚頓認為，這是一廂情願的想法，甚至緣木求魚。

他說：「有時候這是行銷人員的自卑感在作祟，這類行銷人員覺得，他們不該只是賣東西，而是值得更好的工作。我覺得這個想法很傻，不過這些人會因為這個自卑感，而去尋找其他方法，說服自己現在的職涯很有意義。就為了這目的，行銷人員會過分重視品牌目的。品牌目的沒什麼不好，只是有些支持品牌目的之研究，明顯有缺陷。行銷本身就具有目的和意義，而我們不夠認真探討其目的和意義。我對品牌目的有意見，並不是說品牌不應該做出符合道德的行為，而是品牌不該只是為了多賣幾瓶洗髮精，而建立有道德的品牌目的。」

當行銷人員賦予品牌強烈的道德目的，甚而超越該品牌實際的產品及服務時，這顯示出這位行銷人員的一種偏誤：人類與生俱來的特質，會大大影響我們的消費決策。然而，事實並非如此。消費者大多並不忠誠、不會對特定品牌抱有高度興趣，我們消費時，只想找到夠好的產品。消費者購物那一刻，比較重要的是其所處的情境。行銷人員若忽略這點，就等同犯下「基本歸因謬誤」[03]。

想要避免企業內的行銷團隊犯了上述的錯誤嗎？有個簡單做法：在行銷部門辦公室 ，掛上大大的標誌，上頭寫著：**你並不是目標受眾**。

03　請參閱第197頁。

把重心放在輕度買家（light buyers）

為什麼行銷活動不應該鎖定，對品牌仔細評比的顧客呢？在《品牌如何成長》一書中，拜倫‧夏普及其同事運用全世界最知名的品牌可口可樂來解釋。行為科學顯示，買可口可樂及百事可樂的顧客，其實差不多，因為大部分顧客對品牌並不忠誠，而一個品牌的整體顧客群體中，屬於特定品牌的重度買家（也就是所謂忠實客戶），占的比例非常小。

下列圖表顯示出，人們一年內購買可口可樂的頻率。

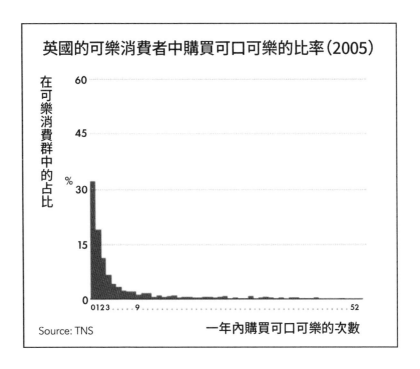

在英國，每人平均一年會購買12瓶可口可樂，也就是一個月1瓶。然而這個數字主要是由少數每週都購買可口可樂的顧客所貢獻，再由數千名一年只買兩三瓶的顧客平衡下來的。事實上，超過30%的可口可樂顧客，其實每年買不到1瓶！

夏普表示：「從可口可樂的案例來看，一年買超過3瓶可樂，就是所謂的重度買家。很多人會覺得自己很少買可口可樂，結果發現原來自己比想像中還常購買。在顧客群中，比例最高的是輕度買家，這現象就連可口可樂這種超大品牌，也是如此。」

　　即使可口可樂在所屬領域中是領頭羊，其中三分之二的顧客還是會喝百事可樂、芬達汽水等飲料。對百事可樂及芬達汽水來說，狀況也一樣。因為行為決定態度，而輕度買家對於各品牌的感受非常相近（拜倫・夏普把這個狀況形容為：我愛我媽，你也愛你媽），因此顧客並不會特別重視特定品牌。

　　結論是，哪個品牌比較常讓消費者掏錢購物，其市占率就比較高，因為絕大多數消費者都不會對任何領域的任一品牌百分之百忠誠。即使像蘋果公司這樣的品牌，花費了數百萬美元建立一致且獨特的品牌身份認同，但蘋果的忠實粉絲仍然佔其全體顧客的少數。然而，就是因為這樣，我們才應該用行為科學思考。想要有效行銷並刺激成長，重度買家就不是你最重要的目標受眾。

　　這是一場數字遊戲，而從數字看來，重度買家並非關鍵受眾。

　　不如這樣想：行銷的目的是影響行為，以可口可樂案例來說，就是要確保顧客選擇可口可樂（而不是其競爭對手），而且要經常購買。為達成上述目的，行銷活動會為受眾建立合適的聯想（通常是潛意識的聯想），讓顧客更可能注意到品牌、記得品牌、並在商店中購買產品。但所有在商店以外的行銷，也就是包括廣告在內的傳統的線上行銷（above-the-line marketing）都只能針對人，無法針對消費機會。媒體購買者買下電視廣告，是付錢觸及特定數量的人，而不是特定來店次數。在購買廣告時，交易的是受眾印象、觀眾、聽眾等等，計算的都是觸及的人數。

　　可口可樂的重度買家非常少，以媒體市場供需來看，這表示要打中重度買家的成本十分高昂（因為人數很少），而且透過電視等大眾媒體也很沒效率。相較之下，輕度買家人數眾多、更容易觸及、效率更高、成本更低。

更重要的是，**輕度買家的行為比較容易改變**。如果我每天都買一瓶可樂，要讓我變成每天買兩瓶非常困難。但如果我一年買一瓶，要增加到一年買兩瓶，這是個數量較小但增量幅度較大的改變。再考慮到輕度買家人數眾多這點，鎖定輕度買家行銷，能帶給品牌更巨大的成長機會。

這個方向非常重要。可口可樂甚至在2017年初廢除行銷總監一職，並設立成長總監（chief growth officer）的新職位。在可口可樂之前，許多知名快速消費品公司也已經這麼做了，包括高露潔公司（Colgate-Palmolive）、科蒂集團（Coty）以及億滋國際（Mondelez）等。2018年11月時，可口可樂全球創意副總裁羅多佛‧艾可維瑞亞（Rodolfo Echeverria）就表示，可口可樂的行銷活動就是要促進銷量。至於讓大家認識品牌、或是在坎城國際廣告獎（Cannes Lions Festival）勝出等等基本元素，已經不能滿足我們了。[04]

簡單來說，從行為科學和行銷科學我們可以得知，想要透過行銷建立顧客心中對品牌的聯想（並加強這個聯想）時，最低成本、最高速度、最好效果的方法，就是：**追求有效觸及大量的品牌潛在顧客，並且讓輕度買家慢慢改變購買習慣，變得（稍微）更常買。**

發揮試管精神進行測試，並學習什麼做法最快速、簡單而有效，讓企業有實證數據可以參考，就能成功增加購買機會。

許多企業並未做到這點，這是因為重度買家（高度在乎品牌的顧客）非常容易觸及。即使是傳統（而有缺陷）的研究方法，必須依賴顧客高度主動、有意識的行為，也能順利觸及重度買家。雖然重度買家的觸及成本並不低，但是非常容易鎖定，而且很容易證明行銷活動是否觸及他們。行銷人員容易誤以為潛在客戶跟自己一樣重視自家品牌，而這個偏誤只會讓狀況更惡化。

到頭來，行銷及廣告的影響力是偏弱的，所以一定要致力提升成功的機率。

04　由行銷媒體《*Marketing Week*》所報導。

讓消費者買得到

這章主要探討如何用行銷活動提升品牌聯想性,而易購性也一樣重要。任何一個了解行為科學知識的企業,都必須讓顧客能夠輕鬆買到自家產品及服務,藉此帶來營收。

根據夏普的定義,易購性就是「盡可能讓一個品牌容易被關注及購得。盡可能讓商品接觸到更多顧客,盡可能創造更廣泛的潛在購買機會」。[05] 這點無論是數位世界或類比世界皆如此。[06]

這感覺起來似乎很簡單,但是本書第二部分曾提過,現在世界上頂尖大企業的成功,關鍵都是提升其在數位世界的易購性或能見度,這點已經被視為理所當然。亞馬遜網路商店已經快速變化成什麼都賣的商店,所以如果企業想要在線上賣實體商品,就應該要在亞馬遜上架,才能觸及更廣大的市場,否則就像是只在高級精品大街設櫃,卻沒有深入各地,沒有在特易購(Tesco)、森寶利(Sainsbury)或阿斯達(Asda)等超市上架。

這不只是要在對的地方被看見,還要在對的地方顯得突出並獲得關注,也就是所謂的品牌顯著性。本書的最後一部分提到了企業可以運用的科技及工具(例如虛擬超市及眼動追蹤科技),藉此了解人們在真實購物環境中所注意到的事物。

易購性無法保證行銷成效。但行銷要有效,易購性一定要高。如果產品或服務無法讓顧客順利取得,則品牌聯想性再高,產品也賣不出去。

我個人有個相關的經驗。2015年當我還在澳洲時,我曾為一間廣告公司工作。當時有一間稱為「手工專家」(Masters)的手工DIY用品大型商場即將開幕,我們公司負責媒體購買,而當時的目標是與澳洲市占最

---

05 這包含訂價,但訂價的行為科學可以自成一本書,所以這在本章的討論範圍之外。其實市面上已經有一本討論訂價的好書,就是李・考德威爾所著的《訂價背後的心理學》(The Psychology of Price)。

06 因此,夏普認為線上搜尋行銷提升的是易購性而非聯想性。搜尋特定品牌時,我們是主動尋找該品牌,所以提升容易在Google上找到的程度,就有如讓自己的產品在超市架上變得更醒目。

高的DIY品牌邦寧斯（Bunnings）一較高下。

手工專家有大筆預算，因為它是澳洲知名超市沃爾沃斯（Woolworths）的子品牌，而當時客戶要我們每週在各大電視媒體買下大量電視廣告，宣傳他們的最新優惠（週末買梯子只要10美元）。手工專家知道在顧客心中建立聯想性非常重要，還在企劃簡報中放了許多取自《品牌如何成長》的內容。

不幸的是，客戶似乎忽略了該書中有關易購性的章節。他們的遇到的問題是建築許可遲遲沒有核發下來，而且銷售成長速度也比預期來得慢。以雪梨而言（澳洲最大的都會地帶），離我家最近的手工專家商店，得從市中心開車50英里才能抵達。在開車路上，我會經過至少兩間邦寧斯的商店，以及其他小型五金行。[07]

不過，我們還是繼續砸大錢，買下了雪梨黃金時段的電視廣告，推廣園藝家具及水管的優惠活動。這些商品不算必需品，所以不論廣告再怎麼吸引人，我和多數輕度買家還是只想找到夠好的交易，不可能會大老遠跑到手工專家的店裡消費。優惠商品的折扣說不定光是來回的油錢就抵掉了。這種情況下，品牌聯想性再高都沒有用。

這狀況存在於許多其他大都會之中，因為這類商店需要巨大倉儲空間，所以只能在遠離居住區域的地點找到落腳處。

2016年11月，沃爾沃斯宣佈將出售手工專家，若無買家出現，則將關閉。最後這個事業在七年間，總計賠了32億美元，沃爾沃斯也就此退出五金行市場。這被視為澳洲零售業史上最慘烈的失敗之一。[08]

我們廣告沒有問題，表現非常優異，創造出了非常高的聯想性。

但由於易購性過低，因此手工專家只能以失敗收場。若忽視易購性，後果自行負責。

07　在我當時住的地方，隔三戶的鄰居就是一間品質優良的在地五金行。對我來說，手工專家的商店距離是很大的問題。

08　http://www.abc.net.au/news/2016-01-18/woolworths-to-exit-masters-hardware/7094858

Chapter 24

行為科學能讓行銷更好
你該怎麼做？

在本書的第六部分，我們知道行為科學可以讓企業行銷更有效（即影響購買決策），因為行為科學能幫助我們了解：

- 如何使顧客願意消費。行為科學讓我們意識到，大多數消費行為背後的決策過程並非全然理性，多數消費者只是選擇容易購入、品質夠好的選項；

- 品牌作為捷思法時，如何幫助消費者做出購物決策；

- 品牌要在消費者心中建立潛意識聯想，讓消費者能輕鬆購入品牌商品或服務時，需要長時間使用風格一致、特色鮮明的品牌資產，並且在對的環境下看到品牌（建立信任），例如透過高成本訊號；

- 若要成功說服消費者購買，企業的行銷策略必須讓消費者覺得向該企業購物是件輕鬆的事，而且實際上也要讓消費過程方便簡單；

- 為輕度買家長時間持續建立聯想性及易購性效果較好、效率較高；

- 行銷人員固有的偏誤，常常與科學證據相衝突。行銷人員常渴望新鮮效果、品牌目的，並且將目標受眾想像為比較理性且追求完美的重度買家，而輕忽甚至破壞了長期建立特色鮮明的品牌資產。

具備上述知識後，我們可以透過下列行動，有效將行為科學運用到行銷中，使企業成長：

- 了解到我們購買產品及服務時，大部分都是潛意識做的決定，所以在

策劃行銷時，應該高度重視這個事實並以此為基礎，運用第五部分所學到的技巧；

- 發揮試管精神。可以透過執行小規模的真實測試，來找出特定情境下適合的做法，例如透過直效行銷或是社群媒體管道；

- 在開始建立聯想性之前（例如透過廣告），確認你已經為消費者將易購性提升到最高，也就是讓消費者能用最簡單的方式購買到；

- 在開始行銷之前，仔細確認你對目標受眾的定義，是否受到個人偏誤影響。

- 盡量主打你的輕度買家，而不是小眾市場；

- 檢視你推廣行銷活動的環境（行銷管道），確認能有效為品牌建立信任度；

- 把重心放在長時間建立的一致的、有獨特性的品牌資產（透過富有想像力的重複），而不是一味地追求新奇或刻意的創新。

結語

擊退過度自信的心態：接受我們所不知道的事物

丹尼爾‧康納曼說過，如果他有一根魔杖，他會想要消除自己的過度自信[01]。過度自信（以及隨之而來的過度樂觀）[02]會導致系統性的錯誤，這在企業商場或是其他領域皆是如此，許多企業（以及企業決策者）都認為自己最懂得聘僱之道、懂得如何使用科技、了解顧客、懂得創造及銷售產品及服務（或至少比競爭對手擅長上述事務）。

與證據相悖的是：95%的新產品發表後慘遭滑鐵盧[03]，三分之二的聘僱選擇並不成功。如果你相信約翰‧沃納梅克，覺得行銷支出有一半都是浪費，顯然大部分企業都對其決策過分樂觀。

在這本書中，我嘗試用各種方式闡述這個道理：人類行為背後的原因通常不甚理性，而且會憑潛意識和直覺行動。越理解這個道理，就越能為企業做出更好的決定。然而，我們永遠無法消滅心裡的偏誤與捷思法，這就是人性的一部分，也是我們做出決策時關鍵的一環。我們不是機器或虛構的角色，不像《星際爭霸戰》的史巴克那樣帶有新古典經濟學的思考方式。

因此，任何企業決策都無法保證百分之百的成功。完全理性、沒有過度自信心的決策者永遠無法採取行動，因為大部分選擇都帶有很高的風險。然而，正是這些風險，才讓一切產生價值。唯有冒險，企業才能獲得情感上以及金錢上的收穫。

01　https://www.theguardian.com/books/2015/jul/18/daniel-kahneman-books-interview
02　請參閱第182頁。
03　www.inc.com/marc-emmer/95-percent-of-new-products-fail-here-are-6-steps-to-make- sure-yours-dont.html

寫這本書的動機，是彰顯出行為偏誤（例如過度自信）其實蘊含商場世界所需要的重要資訊，卻被大家嚴重低估了。同時，我也想要告訴大家，若能以行為科學的角度看待企業所面對的問題，就可以提升做出正確決策的機會，因而讓你的企業獲利、員工獲利、甚而讓整個社會受益。這麼做也能讓你的企業預測更精準，讓你及你的企業更精準了解你的同事及顧客的行為，以及背後驅動行為的原因。

　　所有決策中必然帶有不確定性。透過行為科學，企業可以減少過度依賴自信（而且通常是毫無根據的信心），以更強而有力的參考因素做決定，而試管精神也可以確保你做的每一個決定都參考過有力證據，確保你對人類行為（以及這些行為在某具體情況下的變化）都有客觀的了解，而不是靠直覺與氣勢做決定。其實直覺常常蠻準的，確實有其價值，但是若我們能掌握測試及學習、擁抱成長型思維、從失敗與成功中學習等重要精神，我們就不用一味依靠（過度的）自信心來做決定。

　　當你手中有證據來支持你的直覺判斷時，你不必只是對自己的決策有信心，而是能夠確定自己可以做出正確的決策。

創新，是從錯誤中學習

　　寫作當下，我剛參加過行為科學交流會議（Behavioural Exchange conference），該會議由行為洞察團隊所組織。2015年時，這會議只是個小小的聚會，上百位對行為科學著迷的傢伙聚在一起。但到了2019年，參與者超過1,200人，分別來自200多個不同國家。眾人齊聚一堂聽講，講者有本書曾提及的行為科學頂尖研究者，包括凱斯・桑思坦、丹・艾瑞利、凱薩琳・米克曼和希娜・艾因嘉教授，以及實際應用行為科學的

凱特‧格雷茲布魯克及拉茲洛‧博克，還有來自臉書、Google及Uber的代表。討論的議題包括合理使用數據、提升社會凝聚力、建立更好的職場環境、全民基本收入、人工智慧、假新聞及造謠、永續發展及暴力犯罪。

上述所有討論中，有個共同的主題：測試的重要性，以及意識到（並接受）「即使通過測試的方法也可能會失敗」的事實。如卡爾‧波普爾所說，科學這個領域要從錯誤中學習，這是非常重要的一環。行為洞察團隊的領導人大衛‧哈爾彭在開幕致詞中，分享了來自教育研究中心（Education Endowment Foundation）的資料。資料顯示，在185個測試中，只有四分之一能得出可擴大規模的解決方案。然而，在行為洞察團隊所經手協助的政府事務中，有六項案例經估計產出了超過十億英鎊的價值。

我們透過試管精神，解決了社會上最重要的行為問題，這表示企業也可以（且應該）運用試管精神解決問題。我們越來越清楚行為背後的真實動機，運用相關知識的範圍也越來越廣。但我們同時也知道，還有很多地方有待學習。本書第一部分也提過，雖然政府已經運用行為科學來解決問題，但企業尚未跟上政府的腳步，所以行為科學還有很大的發展潛力。

寫作此書的過程中，我諮詢了許多行為科學的專家，他們一致相信我們從失敗與成功中都能獲得寶貴的經驗與資訊（失敗甚至可能是更珍貴的學習機會）。在本書的最後一部分，我提到了手工專家及ING銀行的例子，這兩者帶給我的收穫不相上下。然而全球仍然只有少數企業能發展出成長型思維、充滿心理安全感的文化，以及從錯誤中學習的習慣。

好消息是，懂得運用行為科學的事業，就能獲得很大的競爭優勢，更有機會想出收穫數十億英鎊的計畫。

科學能帶動創意，反之亦然

從我的研究中也可以清楚看見，許多企業有先入為主的偏誤（或是一種誤解），他們認為行為科學多少會限制創意發想，連運用行為科學證據的企業都有這種想法。這種偏誤究竟純粹是因為「科學」一詞所帶來的聯想，還是誤認為從直覺發想的創意方案就是有瑕疵，我無法下定論。但是，認定科學及科學研究方法與創意背道而馳，這必然是錯誤的想法。

赫斯頓・布魯門索（Heston Blumenthal）是一位主廚，同時也是英國皇家化學學會（Royal Society of Chemistry）的一員。他經營的肥鴨餐廳（The Fat Duck）連續七年被票選為世界前三名的餐廳。所有肥鴨餐廳的料理，都是經過實驗室內反覆測試、品嚐及改善後才端上餐桌。雖然以高度科學的方式製作料理，但沒人可以否認他的餐廳能為顧客帶來創新難忘、創意十足的用餐體驗。

如同本書最後一部分所揭示，在行銷的世界中，行為（以及行銷）科學其實能讓我們確定創意的重要性。要讓消費者注意到並記住一個品牌，接著購買其商品及服務，其實是需要運用創意的。如果品牌只提供資訊，想要用理性方式說服顧客，通常效果不會太理想。所以，一定要了解行為動機中那些比較情緒化的因素，然後用有創意的方式影響顧客的決策。

本書的例子在在顯示，一個懂得運用行為科學的公司，自然會提出有創意且與直覺相左的提案：

- 想縮短顧客來電的時間？你應該請顧客放慢語速、而不是加速。

- 想讓顧客多買幾包洋芋片？你可以告訴顧客，一人最多只能買四包。

- 想要員工生產力更高、在職時間更長？你應該雇用具有不同思考方式的員工，而不是想法相似的人。

- 想讓更多人透過你的網站購物，你應該減少提供的選項。

- 想提升廣告效率及效果，你應該要挑（感覺起來）廣告費高昂的媒體管道。

這些都能為你帶來競爭優勢，而且許多情況下，你只需要做出成本低廉、簡單微小的情境變化，而這些技巧都是經過實驗證實的。結合科學與創意，你就能大大獲利，遠勝出僅依賴科學、或僅依賴創意等傳統方法。

如何以行為科學成就事業

企業若想要透過行為科學解決問題，藉此獲得競爭優勢的話，要如何想出點子及假設來做測試呢？本書中已經提及許多行為偏誤及捷思法，還有好幾百個研究證實的做法，更別說還有許多我們尚未發現的點子。全部一一測試的話太沒效率了，就算有機器學習的工具及數位平台，成本還是太高。

一個很好的開始方式，就是從行為科學領域中學習，或是參考他人的工作成果來學習。希望本書與其他類似資源，可以成為讀者的一個起點。企業也可以透過與專家交流、使用工具及概念框架，來想出假設並加以測試。

在這個時代，要雇用擁有行為科學知識的人也容易多了。許多大學會開設行為科學領域的課程，而且數目成長得很快。銀行、健康保險及快速消費品等公司與機構，也開始設有行為長，並有專屬的行為團隊。像我們這樣的行為科學顧問公司也越來越多，規模日漸茁壯，還有像是Applied等工具（本書第四部分）以及研究技巧（本書第五部分），讓企業能以最佳方式運用行為科學。

以思考框架而言，2010年時，英國內閣提出《心智空間》指導方針[04]，而行為洞察團隊則以EAST四個字母來縮寫「簡單清楚、吸引誘人、社交互動、迅速及時」的關鍵應用原則。我的公司「溝通科學團隊」發展出了一套獨特的做法，以國際最佳做法、行銷科學、心理學及行為科學理論，透過溝通來改變行為。這是運用量身打造的行為科學概念框架，將當代心理學研究與務實又有效的溝通規劃原則彼此連結。本書的第一個部分提過，英國最大的儲蓄銀行透過有效干預，而獲得價值相當於數百萬英鎊的改善。這間銀行就是受益於此概念框架。

這就是企業運用行為科學所能獲得的價值。企業若創造出持續實驗及學習的文化、心理安全感以及多元的想法（及員工），終能水到渠成、

04　MINDSPACE是以下字詞的縮寫，包括messenger（傳訊者）、incentives（動機）、norms（常規）、defaults（原始設定）、salience（顯著性）、priming（做足準備）、affect（影響）、commitment（承諾）與 ego（自尊）。想了解更多細節，可以造訪以下網站：http://www.instituteforgovernment.org.uk/sites/default/files/publications/MINDSPACE.pdf。

創造價值。從矽谷的例子中也能看見，企業還需要健全有力的道德框架及工具，確保實驗能遵守道德及法律規定。一旦這些基本元素到位，試管精神就會變成習慣，創新精神也會融入你的企業中。你再也不需要對自己的猜測過度自信，因為那些想法將不再只是猜測。

企業員工若快樂有動力、產品服務簡單好用、品牌及行銷方式能促使顧客購物，這樣的企業絕對不會出現過度自信的狀況。

這樣的企業不只是一般的行為科學事業，而是個成功、獲利且領導市場的事業。

若能做到這種境界，你必將自信滿滿。

謝詞

　　本書內容十分仰賴與專家之間的訪談，這點各位讀者應該能輕易感受到。我想感謝班・威廉斯、克里斯・霍馬克（Chris Hallmark）、大衛・查莫斯、大衛・佩羅特、鄧肯・史密斯、伊恩・普里查德、漢娜・路易士、艾文・羅伯森教授、詹姆士・布拉德渥斯、傑森・史密斯、朱利安・哈里斯、凱特・格雷茲布魯克、柯恩・史梅茲、李・考德威爾、露西・史坦汀、馬克・帕默（Mark Palmer）、馬修・泰勒、麥克・弗雷特、尼克・梅森（Nick Mason）、奧利佛・裴恩、保羅・阿姆斯壯、彼得・薩維爾教授、山姆・塔坦，以及史蒂夫・湯普森。

　　我要特別感謝理查・尚頓的幫助，感謝他一開始的推薦及寫作建議。感謝凱特・華特斯的深刻洞見，以及大約在15年前激發了我對行為科學的興趣。在此也要特別感謝羅里・薩特蘭，除了感謝他為我寫序，以及本書引用了許多他的話語之外，也感謝他持續啟發我與許多同行的實踐者。少了上述三人，本書以及我的整體職涯，基本上就不可能成真。

　　我也感謝過去及現在的同事，給了我許多支持及鼓勵。特別感謝菲利浦・科爾教授以及蓋伊・錢尼斯博士（Guy Champniss）針對本書草稿所提出的意見。

　　我深深感謝所有對本書有所貢獻的人，他們空出時間慷慨相助，為本書提供深刻洞見以及建議，希望讀者也認同，本書因為這些人而更好。我非常確定的是，同這些好友及專家一起在無數會議室、咖啡廳以及餐廳聚首討論，讓本書寫作過程更為美好。若非因為時間及空間的限制，本書會包含更多上述好友及專家的觀點。若你喜歡這本書的內容，我強烈建議你收聽我為本書製作的廣播節目，聽聽他們更多深刻觀點。

　　感謝Harriman House出版社團隊，提供編輯及設計相關的良好建議，

並讓這本書順利出版。感謝BVA輕推小組的同事給予的建議、支持、並容忍我偶爾不耐而煩躁的心情（尤其感謝艾瑞克‧辛格勒、史考特‧楊、泰德‧尤托夫特、岡薩洛‧羅培茲、雪兒‧諾維麗以及齊亞拉‧傑利可）。

我也想感謝我的家人及朋友。過去18個月來，我埋首寫作本書，過著有如出家退隱的生活，謝謝他們的體諒。我答應你們，既然書順利交稿了，我會變得更好相處、少發一點脾氣（希望在這裡寫下的這個承諾，能讓我順利改變行為）。我期待很快能與你們多見面聚會。

我最感謝的人，是我完美的妻子艾薇。她不但在寫作過程中，讓我好好生活、保持理智、同時應付龐大的工作量，還會提供編輯及設計的意見。有了她的意見，本書才能如此務實而好懂（希望讀者也這樣認為），而她為初稿提供的建議，也有效增進了本書的用字遣詞。

進擊的行爲科學 二版

不靠直覺與猜測，求證意想不到卻符合人性的決策洞見

THE BEHAVIOUR BUSINESS:
How to Apply Behavioural Science for Business Success

理察·查塔威（Richard Chataway） 著
廖崇佑 譯

Originally published in the UK by Harriman House Ltd in 2020, www.harriman-house.com. Complex Chinese language edition published in arrangement with Harriman House Ltd through The Artemis Agency.

Chinese Complex Edition © Briefing Press, a division of And Publishing Ltd., 2024

書系｜使用的書In Action!　書號｜HA0101R
著　　者　理察·查塔威（Richard Chataway）
譯　　者　廖崇佑
行銷企畫　廖倚萱
業務發行　王綬晨、邱紹溢、劉文雅
總 編 輯　鄭俊平
發 行 人　蘇拾平

出　　版　大寫出版
發　　行　大雁出版基地
　　　　　www.andbooks.com.tw
　　　　　地址：新北市新店區北新路三段207-3號5樓
　　　　　電話：(02)8913-1005　傳眞：(02)8913-1056
　　　　　劃撥帳號：19983379　戶名：大雁文化事業股份有限公司

二版一刷　2024年6月
定　　價　380元
版權所有·翻印必究
ISBN 978-626-7293-63-8
Printed in Taiwan·All Rights Reserved
本書如遇缺頁、購買時卽破損等瑕疵，請寄回本社更換

國家圖書館出版品預行編目(CIP)資料

進擊的行為科學：不靠直覺與猜測，求證意想不到卻符合人性的決策洞見
理察·查塔威（Richard Chataway）著 廖崇佑 譯｜二版｜新北市：大寫出版：大雁出版
基地發行｜2024.06｜256面｜14.8*20.9公分｜使用的書in Action!：HA0101R
譯自：The Behaviour Business: How to Apply Behavioural Science for Business Success
ISBN 978-626-7293-63-8（平裝）

1.CST: 企業管理　2.CST: 行為科學

494.2　　　　　　　　　　　　　　　　　　　　　　　　11300503

in Action!
使用的書

in Action!
使用的書

in Action!
使用的書

in Action!
使用的書